追尋

諜戰
失落的真相

施建偉 著

本書獻給

以身殉國的陳彬將軍、在戰場上和隱蔽戰線上所有的愛國志士、和那些被埋沒被遺忘的無名英雄！

陈彬

梅州网 www.meizhou.cn　来源：梅州网

陈 彬（1912～1945）

梅县松源案背村人。1934年在中山大学物理系学习，毕业后赴南京国民党中央党部工作。1936年奉派到香港任少将组长。1939年冬奉命由香港调回上海，任中将级站长。1941年4月30日被汪伪政府逮捕，1945年被日军押赴澳门杀害。

上：右為陳彬將軍，中統上海站站長，一九三九年十二月二十一日制裁丁默村行動指揮人，左為夫人溫斐。
中：陳彬家鄉梅州網上所刊的烈士遺容和簡歷。
下：廣東政協梅縣將帥錄。

上：當年的西伯利亞皮貨店（刺丁案現場）。
中：二〇一一年在當年西伯利亞皮貨店原址所攝。
下：當年陳彬一家曾住在這裡。一九三九年十二月二十一日陳彬指揮的刺丁行動組也在此隱蔽。陳維莉二〇一一年四月十六日在靜安別墅正門。

上：汪偽特工總部原址。
中：四〇年代的七十六號主樓，一九四一年五月陳彬及家人被監禁在二樓。
下：當年七十六號正門，現已面目全非，攝於二〇一二年。

左上：功敗垂成的刺丁案主角之一——鄭蘋如。

右上：朱家驊一九二七～一九三〇年任中山大學副校長、校長，是陳彬的恩師。一九三八～一九四五朱以中央黨部秘書長身份兼任中統局局長。

左下：七十多年前陳維莉為年僅六個月的嬰兒，隨父母被囚於七十六號主樓二樓，二〇一二年三月重訪舊地只見七十六號大院內原建築物已全部更新，原主樓所在地已蓋起四層教學樓。

丁 丁默村
性別 男 年齡 二八
職別 秘書
介紹人 李[illegible]

1 李士群
性別 男 年齡 28
籍貫 浙江省遂昌縣
字 12093 號
介紹人 [illegible] 洪陸東 陳立夫
入黨日期 22年5月14日

上：右李士群，左丁默村。
左下：丁默村的國民黨黨證。
右下：李士群的國民黨黨證。

左上：被李士群刺殺的調查組上海區長馬紹武。
右上：中共特工巨頭——潘漢年。
左下：日軍梅機關長影佐禎照。
右下：李士群的保護傘之一晴氣慶胤。

上：汪精衛等群奸圖。
下：毒殺李士群的鴻門宴就設在岡村中佐於百老匯大廈的寓所。

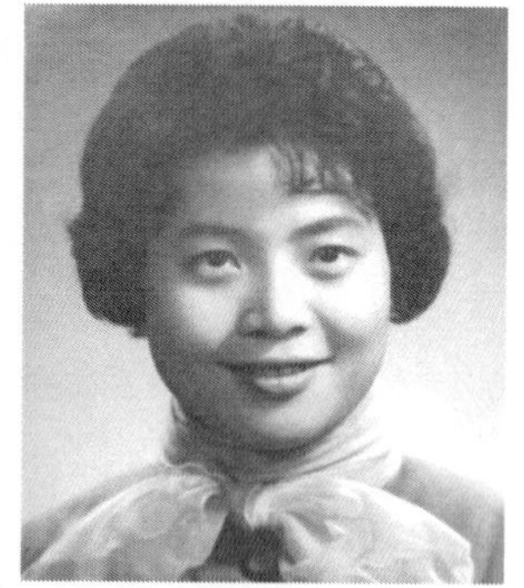

上：陳彬母親王芹招女士（前中），陳彬夫人溫斐（後左二）及其子女。
左下：溫斐曾任職的原惠民路小學校長施瑋（中）與陳維莉全家。
右下：陳維莉攝於一九六六年一月，此照曾長期陳列在照相館裡作為相館的精品照展出，不久「史無前例」的文化大革命爆發。

建華：　你好！

[illegible]

[illegible]

左上：陳維莉和女兒（1970）。
右上：陳維莉和孫子（2012）。
下：陳維莉女士給作者信的手稿。

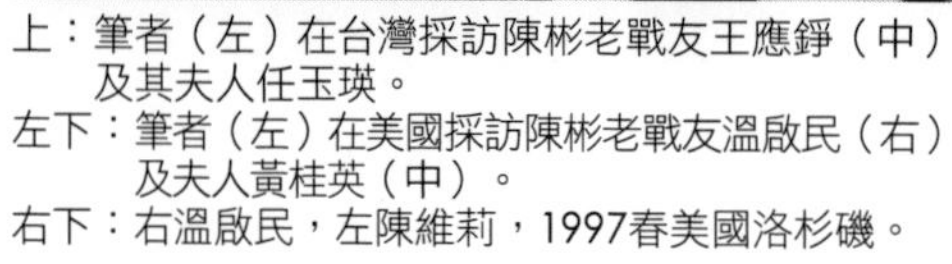

上：筆者（左）在台灣採訪陳彬老戰友王應錚（中）及其夫人任玉瑛。
左下：筆者（左）在美國採訪陳彬老戰友溫啟民（右）及夫人黃桂英（中）。
右下：右溫啟民，左陳維莉，1997春美國洛杉磯。

上：《抗日烈士陳彬傳略》手稿 ，溫啟民著。
下：《記抗日烈士陳彬》在台灣《廣東文獻》刊出時的文本。

传记文学

"[illegible]"的[illegible] 丁建略、司老白、何[illegible]

吕公望：[illegible]的[illegible]

陈彬："刺丁案"中一段被抹掉的真相

陈彬：刺杀丁默邨的幕后指挥(3)

陈彬：刺杀丁默邨的幕后指挥(2)

陈彬：刺杀丁默邨的幕后指挥(1)

陈彬："刺丁案"中一段被抹掉的真相

上海滩

SHANGHAI SCENE

陈彬：刺杀丁默邨的幕后指挥

多面间谍李士群(二)

2012/10

传记文学

多面间谍李士群(一)

陈建伟

特工首脑神秘暴毙，扑朔迷离——无数悬念堆积起来的迷宫

1943年9月中旬，汪伪政权警政部长、特工首脑、伪江苏省省长李士群，暴毙于苏州[illegible]。消息传来，震惊了整个中国沦陷区。[illegible]

部分受众娱乐化的猎奇心理。然而，有识之士所探求的谜团悬念却几乎无一解惑。因为，表象层面的事件过程的完整性和微观层面的细节的逼真性，无法替代对隐藏在事件真相背后的本质揭示。

笔者对"李案"的关注，缘起于还原"刺杀丁默邨案"真相的过程中。[illegible]等"刺丁案"的亲历者们，讲述了[illegible]人陈彬[illegible]奉命深入虎穴，隐藏于汪伪特工第一号头目李士群身边，与李士群零距离接触的惊险往事。[illegible]

2012/09

传记文学

新"山药蛋派"代表作家：曹乃谦、王祥夫等

我所知道的陈昌浩父子

多面间谍李士群

康有为"衣带诏"来龙去脉

回忆何炳棣先生

上、下：本書主要內容被大陸主流報刊先後刊出。

【前言】——從記憶被抹掉的地方打撈真相

一、還原：為捨身取義的先烈正名歸位

李安的「色‧戒」問世以後，在娛樂主義和市場經濟合謀的炒作下，華語世界掀起一場軒然大波。因為電影由張愛玲的小說所改編，而小說又取材於上海「孤島」時代的一樁真實的暗殺事件，所以，接踵而至的是借力於《色戒》所引爆的一場追尋歷史真相的「還原」熱。

對於修復被抹掉的記憶而言，「還原」熱的主流是健康的，但在一個大眾廣泛參與的公共平台上，魚龍混雜，在所難免。然而，不論出自什麼動機，對有名有姓的真人真事的任何歪曲誹謗，都是對先人的褻瀆和不敬。等於讓那些被敵人子彈射殺過一次的先烈，又被不負責的言論再謀殺一次。

當然，文藝作品可以憑想像來虛構、誇張，但「還原」熱的目標是真實的歷史，在這個場域內，容不得半點弄虛作假的「戲說」。把高風亮節的巾幗英雄「還原」成在床上以肉體交換情報的美女蛇，或者把出生入死的除奸英雄「懷疑」為叛徒內奸……。諸如此類的主觀臆想，實質上構成了對先烈名譽權的侵犯。

終於先烈的遺屬親人們出來說話了，遠在美國洛杉機東部哈仙達市老年公寓裡的鄭天如（鄭蘋如烈士的親妹妹），二〇〇七年九月十一日，在記者會上發表了《要還原歷史真相》的聲明：「因近日中港台各大報，

皆有報導當年家姐鄭蘋如謀刺漢奸丁默村事件，並直指為電影《色戒》的真實版，但戲劇畢竟是戲劇，以娛樂普羅大眾為主，有許多想像空間，並非真實人生；她本人屢受各界親友質疑，特此還原歷史真相，以澄清坊間傳聞。」同時，我們有幸獨家採訪到刺丁案現場指揮陳彬的女兒陳維莉女士，她不僅講述了陳彬將軍的生平事蹟；而且還介紹了陳彬最後一次執行的任務是一九四五年在澳門成功刺殺日寇駐華南地區特務機關首腦柴山醇，敵酋被制裁後，陳彬以身殉國。陳維莉女士對鄭天如談話中有關其父陳彬的那部分毫無根據的「懷疑」，十分反感。她認為；「先烈們殺身成仁的崇高精神是我們民族的共同的精神財富，因此，維護先烈的名譽權事關民族大義，並非某個個人、某個家族的私事，而是全民族共同的集體責任。無論在美國、還是在上海；也不論各自身份、地位、信仰、文化有多大的落差，在討回公道、還先烈清白的普世公義面前我們與鄭天如女士具有平等的話語權，享有同樣的維權自由。」

二、修復：從文學虛構中找回真實的歷史原型

李安導演的《色戒》，可算是二十一世紀第一個十年裡，不平常的文化景觀，其後續效應綿綿不斷。當下，大陸主流傳媒持續熱播的一齣又一齣、懸念迭起、疑雲重重的諜戰大戲；與此同步的，則是潘漢年、關露等情報戰士的傳記以及抗戰敘事、諜戰敘事文本的大量印刷。諜戰文化受到前所未有的青睞，可見「李安惹的禍」至今仍餘音嫋嫋、不絕於耳。

在大眾參與的公共平台上，無論是虛構文本的「表現」，還是非虛構文本的「敘事」，凡涉及一九三七～一七四五年淪陷區的諜戰語境，都離不開一個場域：汪偽七十六號特工總部；也繞不過一個人的名字：李士群。作為汪偽特工總部第一號頭目的李士群在短短一年左右的時間裡，從名不見經傳的中尉情報員，突然飆升

為部長、省長的發跡史，就像一座由無數懸念堆積起來的迷宮，令人遐想聯翩。本來在民族的集體記憶裡，李士群作為臭名昭著的漢奸特務，早已牢牢釘在歷史的恥辱柱上，蓋棺論定。多年前，筆者卻發現，流行的虛構文本（文藝作品）或非虛構文本（歷史敘事）中的李士群，與歷史上那個真實的李士群之間落差頗大。而最新的資料（特別是民間敘事）中更有不少前所未聞的資訊。

在探討這一命題之前，必須正視間諜文化的特殊性、專業性所衍生的遊戲規則及潛規則。而文學層面和歷史層面現有的既定的價值判斷指標幾乎都無法與隱蔽戰線實戰中的那些規則、潛規則接軌。虛構文本塑造隱蔽戰士時所遇到的各種難題，其總根源也皆在於此。然而歸根結底，有一條鐵律確是顛撲不破的：絕對不要混淆虛構文本與非虛構文本之間的區別，文學作品允許虛構、想像，但進入歷史層面的事件、人物原型，必須無條件地忠實於歷史本來面貌，來不得半點虛假，這是必須堅持的原則。所以在歷史層面的諜戰敘事、文學層面的諜戰文藝方興未艾之時，從浩如煙海中的虛構形象中，找回歷史上那個真實的李士群是當務之急！

因為，當大眾輿論平台為商業利益而放棄歷史真實性時，當一種判斷、一個定論變成民族集體記憶的一部分時，越是收視率高的作品，可能在正反兩方面對受眾的導向力越大。李案事關民族大義、倫理道德等深層次的核心價值；事關對大眾所熟悉的某段集體記憶的真實性的檢驗，所以，從倖存的親歷者那裡搶救記憶，根據最新解密的資料還原歷史，刻不容緩。

三、打撈：失落在諜戰文化特殊語境中的真相

《色戒》是本書的催生婆，由於李安《色戒》中的藝術形象多以歷史語境中的真人真事為原型、藍本，所以引發了有識之士理性地取向於對於歷史本來面目的發掘和追尋。由於各種原因而被掩蓋的、被失落的真相，

相繼被打撈上來，一些謎團、懸案、疑案也終於浮出水面，並找到了破譯的密碼和線索。

本書是紀實文本，著力於還原《色戒》的歷史背景、重現當年諜戰的原生態氣場，三、四十年的上海曾是國際隱蔽戰線的一個顯眼的競技場。蘇、日、美、英等世界各國的情報高手，中共的特科紅隊，國民黨的中統、軍統等等國內外的特工精英們皆雲集於此。一時間，風雲際會好戲連台。七七事變使所有矛盾或緩解或激化，敵、我、友重新排列組合，打進去、拉出來，互相滲透；你中有我，我中有你；血腥殺戮，美女色誘、金銀賄賂，幕後交易，叛國投敵、賣國求榮……一齣又一齣的陰謀戲、暗戰戲在這亂世中，像走馬燈似不停地上演著。亂世出英雄，亂世也出梟雄，如果說陳彬屬於前者，那麼李士群則是後者的極端。陳彬「潛伏在潛伏者身邊」的經歷中，還有許多懸案有待相關各方的檔案解密才能最終破譯，當然有的可能會作為永遠的秘密，埋藏在間諜文化的規則和潛規則之中。比如，從二十世紀到二十一世紀，李士群的身份之謎已成為一個跨世紀的懸案，若不及時打撈那些已經沉沒在時間隧道裡的真相，這懸案極有可能變成千古之謎。又比如，本書主人公陳彬將軍，在一九四五年四月二十五日以生命的代價完成了最後的使命：制裁日本華南派遣軍司令部特務機關長柴山醇。由於這位英年早逝的隱蔽戰士，不幸於抗日戰爭勝利前夜殉難，因此，他在諜戰一線的功勳，竟與他的名字一起被淹沒在時間的長河裡，達七十多年之久。直到前幾年，因李安的《色戒》熱演，所掀起的還原熱中，借力於記敘鄭蘋如事蹟的中統檔案的曝光，才打撈出這段被抹掉的記憶：一九三九年十二月二十一日，刺殺丁默村事件的指揮人陳彬，終於走出了歷史的塵封，一個個謎團逐次解密。

綜觀陳彬那流星般閃光的生命，雖然極為短促，但卻留下了足以彪炳千秋的不朽功績。作為當年轟動上海、轟動全國的刺丁案的指揮者，一九四一年陳彬又奉命潛伏於汪偽特工第一號頭目李士群身邊。據最新解密的資料和親歷者的回憶，李士群本身就是一個同時為幾個不同的情報機構服務的多面間諜。而本書主人公陳彬將軍，就是在這個神秘而恐怖的魔頭身邊潛伏三年之久。這段與魔鬼同行的歲月，自然險象環生、驚險無比，為了重現陳彬當年戰鬥在敵人心臟裡的原生態環境，所以本書以一定篇幅揭秘李士群超級鼴鼠的真面目，其目的就是還原陳彬潛伏敵營的現場實景。因為若不揭示李士群的特殊身份、特殊背景，不揭示間諜文化獨特的遊戲規則及潛規則，就無法把今天的受眾帶回七十年前陳彬所身臨其境的那個特殊的氣場之中。深入虎穴的陳彬，見證了李士群一僕數主的多面間諜身份。他在完成重慶所賦予的潛伏任務的同時，付出了常人所難以想像的代價：忍辱負重地與詭計多端的特工頭子長時間地零距離接觸，真是名符其實的與狼共舞。

筆者在美國洛杉磯、台灣台北和上海的採訪過程中，有幸記錄了這些珍貴的口述歷史：就以陳彬的諜戰經歷中的幾個典型案例而言，從刺殺丁默村到潛伏在李士群身邊，直到最後懲處日本華南派遣軍特務機關長柴山醇，哪一幕不是如臨深淵、哪一刻不是如履薄冰，正如常言所道，真實的生活比虛構的故事更精彩。需要重申的是，我們的文本是真人真事的歷史記錄，然而在受間諜文化的規則和潛規則所制約的隱蔽戰爭中，許多事情只能做、不能說。因為諜戰文化的特殊性、專業性、隱蔽性，決定其自有獨特的專業價值判斷指標和評估體系。現有的任何一種意識形態的價值判斷體系都無法涵蓋諜戰中實際應用的遊戲規則和潛規則。有時，通常的是非、善惡、美醜標準也許會讓位於「成王敗寇」的鐵律。於是，成功實現目的才是價值判斷的唯一標準，有時，為獲取成功所採取的手段、手法都被視為具有工具理性的正當性。諜戰中的真正贏家只有一家，就是成功的幸運兒，其餘的都是輸家。而最大的輸家，常常是真相和公義。人們常說，科學上任何命題都具有邊界條件，越過邊界條件，真理就變成謬誤。那麼間諜文化的邊界在哪裡？也許這就是誰也不願去捅破的那層薄薄的紙。在那張薄紙背後，隱藏了多少懸念、謎團和難言的秘密？誰知道呢？因此真實的諜戰現場肯定要比導演們虛構的編造更生動、更精采，當然也更殘酷。

本書是紀實敘事，有別於文藝語境中的虛構文本，所以證據鏈和邏輯鏈的主線都有可靠的出處和來源，並應用了不少獨家發掘的資訊，比如溫啟民、王應錚兩位前輩的口述歷史——因為作為陳彬忠實的戰友，他們與陳彬有過一段患難與共的共同經歷，那就是二戰時期那個刀光劍影的遠東間諜大博弈的驚險「連續劇」。

時間無情地磨損著人們的記憶，許多在此時此地司空見慣、人所共知的常識，在彼時彼地竟會變成無人知曉的知識盲區，所以本書把有關背景資料以附錄形式收入書後。由於不同受眾信息庫存的容量和取向的差異，必然導致一些受眾對某些特殊領域（如間諜文化）的專業性資訊的缺失。比如，國民黨特工組織從二〇年代的調查科到一九三八年後的中統、軍統，中間經歷了多次的調整、重組，機構變動相當頻繁，就連坊間的流行文本對其機構名稱的反覆演變，常出現張冠李戴、時空倒置的失誤，以至直到今日居然還有把鄭蘋如當作軍統人員來介紹。所以，釐清中統、軍統的來龍去脈，對於本書中人物的身份認定是十分必要的。又如，當年家喻戶曉的「七十六號」是殘害愛國人士的魔窟，魔頭李士群、丁默村等都是血債累累的劊子手。然而，這裡也是隱蔽戰線上，各方諜戰高手們生死搏鬥的戰場。可是據調查，當下八〇、九〇後群體中，不知「七十六號」為何物者大有人在。幾年前《色戒》之類，竟受到粉絲們如醉如癡的追捧、熱議，倒也喚醒了有識之士憂患意識的萌發——若干年後，當所有親歷者全部謝世、當娛樂主義進一步覆蓋到精神文化領域的各個層面時，李士群們不知會被詮釋成何等角色？所以，重溫七十六號的歷史，以史為鑒極其必要。還有，有關蘇、日、國、共、汪五方特工大博弈中的那些重要的涉案者的簡歷概況，實際上皆屬當年遠東國際大陰謀中的原生態環境的構成要件。又如，經過時間的反覆驗證，李士群和潘漢年的多次密會是誰也無法否認的鐵的事實，但不同價值取向的論者，對這客觀存在的事件卻有大相徑庭的詮釋：在羅織罪名陷害忠良時，潘李會就是潘漢年勾結漢奸的鐵證，參與事件的胡均鶴、關露、袁殊等全部株連入獄；八〇年代開始，潘案昭雪，其他涉案者也先後徹底平反，同時，潘李會也就改變了性質，被視為中共特工情報史上策反成功的奇跡，反覆舉證。而筆者根據親歷者的回憶和前蘇聯解密資料認定，所謂潘李會實際上是中共和蘇共兩大情報系統，為資源共享而構築的一個情報交流平台。當然，這個結論能否成立的先決條件是，揭示李士群多面間諜的真相。我們的文本為了論證這個先決條件的客觀存在，把有關潘漢年及潘李會的史料，收錄在附錄裡當然是必要的。凡此種種，恕不一一例舉。由於篇幅所限，不少資訊不得不忍痛割愛，只能擇其要者，收入附錄。但願，這個以還原歷史背景、歷史細節為選擇標準的附錄會對當下和將來的讀者提供有用的資訊。

另外，因為《色戒》熱播後，有關鄭、丁之間的敘事鋪天蓋地、真真假假、魚龍混雜、良莠不齊，若要對此作去偽存真的辯正，必然會超越本書的敘事取向，應由另文專論，故本書只在附錄中對與陳彬有關的部分作極為簡要的敘述，以保持現場情景的完整性。特此說明。

我們真誠地感謝陳彬將軍的忠實戰友溫啟民、王應錚兩位前輩以及所有為本書提供資訊的朋友們，因為親歷者和目擊者的講述，是不可替代的口述歷史，填補了證據鏈中的空白。同時，本書也藉鑒了前輩和同輩的已有成果和各種檔案史料，及最新的網絡資訊，在此一併致謝。

本書著重展示在民族危亡的生死關頭，那些殺身成仁、大義凜然的無名英雄、潛伏戰士們的高風亮節、以及他們用生命和鮮血所譜寫的那一曲悲壯史詩。

最後，謹將本書獻給以身殉國的陳彬將軍、獻給在戰場上和隱蔽戰線上所有的愛國志士、和那些被埋沒被遺忘的無名英雄。

天地長存、日月同輝，抗日英烈永垂不朽。

目次

第一部　忠魂不滅

一、追回被遺忘的名字
——「刺丁案」幕後指揮人陳彬

借力於《色戒》掀起的「還原」熱，陳彬終於跨出了歷史的盲區。但對公眾來說，陳彬是一個完全陌生的名字。

必須掩蓋自己的真實身份，不停地變換不同的面具，在極隱蔽的生存環境裡活動，這是潛伏者工作性質的特殊性所決定。所以，一方面他們在第一線衝鋒陷陣、壯烈犧牲；另一方面，作為無名英雄、幕後英雄，在慶祝勝利的日子裡，他們又無奈地成為被遺忘、或被抹掉的記憶。七十二年前，上海媒體在對刺丁案的報導中，只出現丁默村、鄭蘋如等活躍於前台的人物，從未提到過陳彬，那麼鋤奸行動的指揮者和實施者是誰呢？一片空白。但空白對有些人來說正好是機會，於是什麼軍統陳恭澍等等就進入填補空白的角色。

一九四五年抗戰勝利，國府在淪陷區的潛伏戰士紛紛拋頭露面、領功討賞、彈冠相慶，但刺丁鋤奸組的指揮者始終沒有發聲。

一九四六年至一九四七年間，在審判丁默村的法庭上，公眾才第一次聽說一九三九年十二月二十一日刺丁案的指揮者不是別人，而是中統上海站長陳彬將軍。不幸，陳彬已在一九四五年四月二十五日被日寇在澳門殺害。知情者，莫不痛惜他沒有等到勝利的這一天，卻已為國捐軀（注1）。但不知是由於口誤還是現場書記員的筆誤，在審判記錄中，陳彬的名字時而被誤記為「劉彬」，時而又被誤記為「鄭彬」（注2），然而在九泉之下的先烈已無法親自出面請法庭糾正筆誤。

一九六四年，台灣中央調查統計局局史檔案的《鄭烈士蘋如》一文中，明確記載：鋤奸組「指揮人陳彬同志領導行動小組同志連發數槍……」（注3）。上世紀九〇年代，陳彬在隱蔽戰線上的戰友，溫啟民先生的《記抗日烈士陳彬》（注4）一文，不但把陳彬還原於刺丁案的現場實景之內，而且還簡介了這位英年早逝的先烈的行狀。可惜由於歷史的原因，這些來自海外的資訊，當年都無法進入大陸集體記憶的公共空間。

一九九七年前後，在大陸的內部資料上，第一次出現了陳彬的名字，那是以中國人民政治協商會議廣東省梅縣委員會文史委員會名義編印的《梅縣文史資料二十九輯・梅縣將帥錄（第一卷）》第一三四頁上，刊出陳彬的簡介中，提到陳彬「曾組織暗殺汪偽社會部長兼特工部長丁默村的行動」，這是陳彬在大陸的首次破冰，但由於所刊文本屬於地方性的內刊，沒有進入到主流的傳播渠道，故傳播的場域極為有限。

因此，「軍統」「陳恭澍」「劉彬」「鄭彬」之類的傳說，依然以訛傳訛堂而皇之地壟斷著話語權。

整整七十年過去了，直到二〇〇九年四月，作為此次還原熱的成果《一個女間諜》（注5）出版。書中所錄的「中央調查統計局檔案」終於打撈出沉沒了七十年之久的幕後英雄，該書還把一九四六到一九四七年法庭對丁逆的審判記錄中，「明顯的訛脫」的重大筆誤糾正過來。不過，那些有聲有色地冒名頂替了七十年之久的說謊者，也並沒有在一個早上銷聲匿跡。甚至在二〇一一年出版的主流文化的文本中，仍可以發現子虛烏有的「鄭彬」「劉彬」之類的名字（注6）。但既然已經雨過天晴，那麼陽光燦爛的時刻遲早都會降臨。

鑒於陳彬生前所從事的隱蔽工作的特殊性。有關陳彬指揮刺丁行動的細節，先烈個人的事蹟，尚有不少空白和謎團。也許，只有當兩岸體制內秘檔徹底解密之日，方是先烈在民族記憶裡正名歸位之時。

另外，必須辯正的是：在漢奸文人金雄白之流的文本中（注7），也有過若干同名同姓的陳彬（其中之一是新聞界的「民主鬥士」，與金雄白來往密切），還有「陳彬龢」等等。但此陳非彼陳，切莫魚目混珠。我們講述的是中統上海站長的陳彬將軍。

二、中統從香港調來的新站長
——臨危受命重組解體的地下軍

陳彬（一九一二～一九四五），廣東梅縣松源鎮案背村客家人，「生性聰穎，富膽識，對數理化頗有造詣，書法遒勁」一九三〇～一九三四年在廣州中山大學物理系求學期間，便已初露頭角。據同窗溫啟民先生回憶：某次，某教員臨時缺席，滿堂學子正欲退席，只見陳彬自告奮勇登上講台，攤開課本接著上次的教學內容講解起來，充當了一次「代課教師」，使全班同學欽佩不已。原來陳彬悟性極高，又勤奮好學，課前必預習，早已把後面的教學內容融會貫通。想不到因教員缺課而給了他臨場發揮的機遇。消息傳開，一時成為中山大學的佳話。說來也正是巧合和緣分，因為，其時正值中山大學原副校長朱家驊自一九二七年十一月去浙江後，因大刀闊斧推行新政、整頓吏治，而與國民黨元老張靜江激烈衝突，在浙江無法立足，於一九三〇年九月辭去了浙江省的全部職務，重返廣東，接任戴季陶轉讓給他的中山大學校長一職。雖然朱家驊在中山大學校長任上僅僅三個月，後即去南京接任中央大學校長。但正是這個時間點上，朱家驊和陳彬的命運軌跡交匯了，鑄成了他們的師生情——因為以學界泰斗聞名的朱家驊，從一九二四年任北大德文系主任起，到中山大學副校長、校長、到南京中央大學校長……十餘年如一日，歷來重視在學生中羅致有用之材，為其所用。凡是被其所器重者，皆獲扶植提攜，成為他的政治勢力的一部分。一九三〇年重返中山大學，雖然只有短短三個月，他仍一如既往地開發人脈資源。而此時此地，正巧耳聞陳彬代師講課的新聞，朱家驊怎能放過這位高智商的門徒呢？人們說，有時歷史是巧合和偶然元素的總和，如果浙江官場不發生張、朱衝突，朱家驊仍在浙江穩坐官場交椅，那麼陳彬就不可能在中大被朱家驊慧眼所識。而這段三個月的師生情，使朱家驊對陳彬有了深刻的印象，為陳彬日後在中統局的發展預留了伏筆。

一九三四年陳彬從中山大學物理系畢業後，「原有志於發展科技，惟其時日本軍閥已侵佔東三省，繼又在上海製造一二八事變，全國同胞救亡圖存，風起雲湧，陳氏激於愛國熱情，即於廣州參加救國運動。畢業後赴南京中央黨部服務。」（注8）「一九三六年奉派到香港任少將組長負責偵查日本特務漢奸浪人的活動情況……」陳彬的老校長朱家驊一九三八年以中央黨部秘書長的身份兼任中統局局長後，一九三九年冬陳彬奉命由香港調回上海（淪陷區），任中將級站長。（注9）陳彬的前任是中統蘇滬區區長徐兆麟。一九三九年九月在李士群夫婦的拉攏下，徐兆麟的助手，副區長蘇成德叛變，供出中統蘇滬區的全部組織，蘇成德又會同馬嘯天、石林森等主動再去策反另一副區長胡均鶴。結果，除區長徐兆麟、情報組外勤嵇希宗和會計蔡均千僥倖脫險外，中統在蘇滬一帶的組織幾乎被一網打盡。僅在上海附近，就有童國忠、莊鶴、姜志豪、鄧達謐、宋建中、劉慧（女）、黃有成、方新吾、費克光等四十餘人被捕。

在組織解體的危境中履職的陳彬，可以說是臨危受命，「陳氏到滬後即深入敵偽組織，搜集情報資料，供中央有關機關之參考運用。並積極發動民眾鋤奸，以嚇阻漢奸活動」（注10）

上海是中統敵後地下戰線的重中之重。作為遠東國際大都市的上海，從開埠以來就一直是國內外秘密戰線上的重鎮。而一九三七年八一三事變後，日軍已佔領了上海除租界以外的全部地區，而租界就成了被淪陷區所包圍的一個孤島。太平洋戰爭爆發前的上海，實際上是由淪陷區和孤島兩部分組成。這種特殊的地緣政治背景，雲集了秘密戰線上的各路英雄。一九三九年的上海灘，變成了名副其實的冒險家的樂園，可謂諜影重重、高手如雲。此時此刻，中統把在香港任少將組長的陳彬調到秘密戰線上最重要的前沿陣地——上海，並任中將級站長，可見上級對陳彬寄予厚望。而對陳彬來說，要挑起上海地下站的這副重擔，實在並不輕鬆，因為他所面對的是一個遭受了日偽特工毀滅性打擊的殘局。而他的對手又是汪偽特工系統第一和第二號魔頭——丁默村、李士群。丁、李都曾是CC系的成員，丁默村則更是曾與徐恩曾、戴笠並列為中國特工的三巨頭。丁李深諳中統內部情況及地下活動的規律，識途老馬、輕車熟路，對重慶的地下潛伏組織構成極大威脅。

陳彬上任伊始，百業待舉，首先著手重建中統在上海的地下組織。一九三九年十二月，「日汪密約」即將簽訂，重慶中統總部給剛接任上海站工作的陳彬下達了制裁丁默村的命令。意在藉刺殺丁逆來恐嚇汪精衛集團。實際上，整個抗戰時期，軍統、中統都把鋤奸行動當作地下戰線的重頭戲，一九三九年以來，僅上海一地，就有十多個有知名度的汪偽成員被重慶方面暗殺：如季雲卿、傅筱庵（時任偽上海市長）、陳籙（時任偽外交部長）、屠振鵠（時任上海偽法院院長）、高鴻藻等。卻仍無法阻止汪精衛集團投敵賣國的逆流。為了懲罰汪偽的賣國投敵行為，重慶當局劍指汪偽最高層人士，打算殺一儆百，而血債累累的七十六號第一號魔頭丁默村自然成了密殺令的首選對象。

三、群魔亂舞　投敵賣國
——汪偽特工總部主任丁默村

丁默村何許人也？為何選擇丁逆為制裁對象？事情還得從丁逆的特工生涯說起。丁默村（一九〇一～一九四七）時任汪偽國民黨中央常務委員、偽中央社會部長、特工總部主任等要職，權傾一時。丁默村天生反骨，投敵之前，便數易其主。一九二一年秋，丁到上海，由施存統介紹加入社會主義青年團，回故鄉常德後於一九二二年十月曾被選為青年團常德地方執行委員會書記，一九二四年一月，又在上海加入國民黨，一九二六年到廣州，投靠陳立夫、陳果夫兄弟門下，任職於國民黨中央組織部調查統計科辦事員。而頂頭上司調查科科長就是後來顯赫一時的CC派和中統的首腦人物陳立夫，丁默村深受陳科長的信任，被派往上海策反北洋軍閥的三艘軍艦起義。臨行前，陳向丁面授機宜，並問丁有無成功把握，丁胸有成竹地回答「把握在軍中，如進軍順利，職雖不才，此去即使不能策動起義，起碼可使其保持中立。」陳很欣賞丁的膽識，隨即發給「特派員」的委任狀。一九二七年丁任北伐軍司令部政治部主任秘書，一九三二年任調查統計科上海區直屬情報組組長，一九三四年蔣介石為了統一特務組織，在軍事委員會內設調查統計局，丁默村任軍委會調查統計局本部秘書兼第三處（郵政檢查處）少將處長，與第一處（總務處）處長徐恩曾、第二處（軍警處）處長戴笠並立為當年中國特工的三巨頭，而北伐時賞識丁默村的那位陳科長，早已變成政治暴發戶，名列顯赫一時的中國四大家族，雖然事隔八年，但在特工系統內，陳立夫仍舊是丁的頂頭上司，而丁的出任第三處少將處長一職也是得力於老上司陳立夫的推薦。看似有職有權有勢的丁默村，應驗了樂極生悲的古訓。一九三八年，張國燾投奔老蔣，陳立夫命愛將丁默村主持接待，引起二處處長戴笠嫉妒，到老蔣那裡告了一狀，說丁貪污招待費，丁被抹黑之際，正值國府特務機構大改組之時，那一年國府分別組建國民黨中央調查統計局（簡稱「中統」）和軍委會調查統計局（簡稱「軍統」），原有的一處處長徐恩曾和第二處處長戴笠分別出任調整後的「中統」和「軍統」的副局長，主持局務，原與一、二處平起平坐的三處被解散。丁默村在卡位戰中被排擠出局。只撿得一個軍委會少將參議的虛職閒差，一氣之下，便托詞到昆明養病。這時，李士群正在上海組建汪政權的特務機構，邀約丁默村來上海共創「大業」為新主子服務，處於失意中的丁默村，與李士群一拍即合，遂與一九三九年一月從昆明轉道香港回到上海。一九三九年二月，丁、李兩人來到上海東體育會路七號的虹口重光堂，在日本駐華使館書記官清水的引薦下，拜會了日本大本營特務部長、對華特別委員會負責人土肥原賢二，並以一份「以組織對組織，以特工對特工」的「上海特工計劃」作為賣身投靠的見面禮，頗獲土肥原的賞識。次日，即派其助手晴氣慶胤到丁默村住所具體聯絡。丁又向晴氣提出了一份「上海抗日團體一覽表」，內容包括：一、國民黨上海特別市黨部及其下屬十個黨部和各學校、各團體、各工會中的特別黨部；二、青年抗日會、婦女抗日會、人民抗日會等；三、指揮上海周圍游擊隊的機關——江南游擊總司令部；四、國民黨的主要特工組織藍衣社、ＣＣ團及三民主義青年團等。並附有這些組織的負責人、人員及經費來源的詳細說明。以及「對渝方地下組織和地下工作人員心理作戰研究」等重要情報資料。這些都是日本人根本無法搜集到的機密情報。因此，晴氣慶胤喜出望外，如獲至寶。那時，日本大本營陸軍部軍務課長影佐禎昭所策劃的汪精衛為首的「和平運動」，將上海為中心。於是，穩定上海局勢，鎮壓抗日風潮，制止重慶方面的特務暗殺活動，是「和平運動」的重要組成部分，而丁默村的獻計獻策，正中下懷。在影佐禎昭的大力舉薦下，日軍參謀本部迅速給晴氣慶胤下達了「援助丁默村一派特務工作的訓令」。給予手槍五百枝，子彈五萬發及炸藥五百公斤。一九三九年三月以後，每月撥經費三十萬日元。隨即，與「和平運動」合流的上海特工部正式成立，丁默村任主任，李士群任副主任，直屬日本大本營領導。一九三九年八月以影佐禎昭為首的「梅機關」成立，上海特工部又劃歸「梅機關」指揮。一九三九年五月六日，汪精衛一行抵滬後，丁默村又歸順汪精衛，成為汪偽「和平運動」、「國府還都」的打手，除瘋狂鎮壓抗日活動、殘殺愛國志士之外，他們還綁架勒索、栽樁陷害、賄賂舞弊，可謂無惡不作，實屬罪大惡極的民族敗類。

四、執行重慶下達的密殺令——制裁巨奸 阻嚇投敵逆流

一九三九年夏秋之際，中統就給當時的上海站下達過針對丁逆的制裁令，但由於同年九月中統上海組織慘遭破壞，未及實施。十二月，重慶當局得到汪精衛集團內部高宗武、陶希聖等人的密報，獲悉汪精衛孤注一擲，決定正式舉行日汪密約簽字儀式。此時，重慶再次下達的密殺令，正好與陳彬上任後要重整旗鼓、報仇雪恥的思路不謀而合。陳彬、鄭蘋如以及情報組外勤嵇希宗等隨即組成了鋤奸行動小組，由陳彬直接指揮。有文本說，行動組裡有陳寶驊和軍統陳恭澍，五花八門，皆不正確（注11）。鋤奸組裡還有一位王應錚先生（注12），廣東梅縣人，陳彬調任中統上海站長時，王是陳的主要助手之一，相隨左右，親同手足，這位參與者在修復歷史的「還原」工程中，是不應被遺忘的。但現有的兩岸所有文本中都未出現過他的名字。

早在陳彬來滬之前，鄭蘋如已奉命打入七十六號特工總部，成為丁默村的秘書，密切掌握丁的行蹤，有關丁鄭之交的資料已大量湧現「還原」平台，史料性的也好，戲說的也好，俯拾皆是，在此不贅。必須強調的是，鄭蘋如冒死潛伏魔窟，顯現了一位優秀的隱蔽戰士，捨生取義的高尚品質，任何想入非非都是對九泉下英烈的傷害。

陳彬領導的鋤奸小組，曾策劃過兩次鋤奸行動，轟動上海灘的西伯利亞皮貨店門口的槍聲是第二次。在此之前，十二月十日，曾有過一次未遂的行動，那是陳彬他們根據丁逆的活動規律，準備在丁逆送鄭蘋如回家

時，在鄭家後門處狙擊。車到鄭家，鄭很自然的說了一句客套話：「上樓坐坐。」但生性多疑的丁逆硬是坐在防彈汽車裡不肯跨出車廂一步。伏擊人員只好無功而返。事後，陳彬、鄭蘋如等反覆地核查每一個細節，並無發現破綻，鋤奸組分析，可能丁逆自知作惡多端為防尋仇報復，防衛森嚴，他在七十六號的住房中，雖有床鋪，平時卻睡在浴室內，並在浴室四周裝有防彈鋼板；睡前在浴缸上安放一張棕棚，早上起床後，再把棕棚拿掉，白天浴室照常使用，真猶如驚弓之鳥。而且他熟悉當年中統特工的行動規律，在接報後半個小時內即能完成一次暗殺任務的設伏準備。而丁逆經常送鄭回家，早已不是什麼秘密。對這種信息透明的日常活動，他自然格外保持警惕。因為送鄭回家本已屬於頗有風險之舉，所以屆時死賴在防彈車裡不敢越過雷池一步，既符合丁逆多疑的個性，也符合一個老奸巨猾的職業特工的專業嗅覺。因此，陳彬他們在策劃第二次行動方案時，充分考慮到對手作為職業特工的專業知識，為麻痺丁逆的警惕，等上車後，再臨時提議要丁去買大衣作為聖誕禮物。同時，鄭又不自己指定去哪一家皮貨店買——這是因為當年，高檔的皮貨店集中於靜安寺路、戈登路一帶，而俄國人弗柳斯和索斯金先後經營的西伯利亞皮草店以選料優良、製作精細、款式新穎，而譽滿滬上，享有上海第一皮草行的口碑，是上海富人的最愛。按邏輯推理，只要確定具體時間，設伏在「西伯利亞」附近，就極有勝算。選擇在「西伯利亞」設伏，還有一個所有文本都沒有提及的因素：據陳彬女兒陳維莉女士介紹，陳彬由香港調到上海履職後，在上海的秘密落腳點就在西伯利亞皮草店附近的靜安別墅（即現在南京西路一〇二五弄），距離西伯利亞皮草店（現南京西路一一三五～一一三七號）只有二三十米。而「西伯利亞」位於戈登路與西摩路之間，離現在的南匯路也很近。靜安別墅已被上海市政府於一九九四年列為上海優秀建築，這座一九三二年落成的典型的新式里弄，行列式佈局，總弄和支弄垂直交叉，穿越弄堂的另一個出口即到威海路（現威海路六五二弄）。這種四通八達的地形，既便於事先埋伏，又便於事後撤退疏散（注13）。陳彬給鄭蘋如的任務是化解丁逆的警惕，誘使其自然地進入「西伯利亞」，如能做到這一點，成敗就取決於槍手們的現場發揮了。經過推演，萬事俱全、只欠東風。作為陳彬與鄭蘋如之間的「交通」嵇希宗，每天都在他從業的上海證券交易所內等待鄭蘋如用暗語傳遞的信息。

前後兩次設伏，時間相隔十一天。這短短的十一天，上海地下戰線卻經歷了不平常的波折。而且這波折又關係到對丁默村的制裁行動。旋渦的中心就是陳彬名義上的助手、中統上海區副區長張瑞京。在敘述張瑞京之前還得追述到軍統特工熊劍東、唐逸君夫婦，熊劍東被七十六號抓獲後，熊妻唐逸君病急亂投醫，托鄭蘋如向丁默村說情。而丁看在鄭蘋如的面子上，也確向周佛海提議招降熊劍東，因為一九三九年三月七日，熊被捕時的身份是軍委會別動軍淞滬特遣分隊隊長、兼忠義救國軍太昆松青常嘉六縣游擊司令，是軍統的一員大將。周佛海同意採用軟化的辦法進行招降，意在為其所用，以彌補汪偽集團缺乏軍事人才的不足。這邊，熊妻也花費了大量錢財，企圖買通關節。金條用去一大包，但八九個月過去了，還不見放人，疑心被人耍弄，又托人與李士群搭上關係，並將她通過鄭蘋如找丁默村救熊的原委和盤托出。在李士群的設計下，唐約中統張瑞京赴宴，張瑞京不知這是李士群設下的圈套，十二月十二日，張如約來到今錦江飯店北樓內的一家酒店，李士群誘捕成功（注14）。被捕後的張瑞京不僅供出鄭蘋如是中統臥底的真實身份，而且還供出陳彬的鋤奸計劃。正在與丁逆爭奪汪偽特工組織第一把交椅的李士群喜出望外。一方面封鎖張瑞京已招供的消息，給中統造成張在獄中堅守組織機密的假象，另一方面則調兵遣將，嚴密監視丁默村和鄭蘋如的活動，企圖借刀殺人，讓中統為他清除競爭對手丁默村，然後他再收拾中統的鋤奸小組，向日汪報功。對李士群來說，一石二鳥、坐收漁翁之利，何樂而不為。李士群借刀殺人和熊妻的恩將仇報，在詭異的間諜文化中並不罕見。表面上看似忠奸對峙、善惡抗爭，實際上卻是你中有我、我中有你，互相傾軋，甚至賣友求榮，也在所不惜。類似李士群對付丁默村的詭計，在潛伏文化的語境裡早已見怪不怪。然而，不論李士群出自什麼樣的動機，他的按兵不動卻為陳彬提供了又一次鋤奸的機會。

張瑞京被捕後，陳彬、鄭蘋如他們確實緊張了幾天，不見七十六號有進一步動作，誤以為張經住了考驗，於是鋤奸小組按原計劃繼續運作。正巧，二十一日，丁默村約鄭蘋如中午去潘三省家聚餐。潘三省家在滬西開納路十號（現武定西路）佈置著兩幢華美房屋，精緻飲食、麻將、鴉片，無一不備，而交際花、影星、女伶、舞女，以及長三堂子的名妓，都雜遝期間。在潘家，鄭聽說丁默村晚上在虹口還有重要聚會。而那幾家皮草店剛好座落在從潘家到虹口的必經之路，豈不天賜良機？在上海證券交易所當經紀人的嵇希宗，接到鄭蘋如電話裡傳來的暗語，立即通知陳彬，於是一直在距西伯利亞皮貨店只有二三十米的落腳點待命的鋤奸小組，按預定分頭行動。接著就出現了「還原熱」中必定要回放的那一幕：「西伯利亞」門口的槍聲。

五、靜安寺路上的槍聲——鋤奸行動功敗垂成

「西伯利亞」座落於靜安寺路（今上海南京西路一一三五號）和戈登路（今江寧路）相交的丁字路口，主營各色高檔皮草，是當年上海富人們的最愛。一九三九年十二月二十一日下午六時二十分左右，那是上海孤島時期「租界地區的一個平常的黃昏，馬路的人行道上，行人熙熙攘攘，皮草店裡燈光明亮，一輛一九三六年型的時尚別克黑牌轎車，緩緩地停靠在戈登公寓弄口，車門開處，鑽出一男一女，有眼尖的行人即時認出那氣質非凡的美女，就是曾被良友畫報第一三〇期（一九三七年七月出版）選為封面女郎的「鄭女士」。

他倆穿過馬路，推開「西伯利亞」皮草店的玻璃大門。女郎走向陳列櫃，選購大衣。而那中年男子卻沒有將注意力放在琳琅滿目的衣架上，只以警覺的眼光默默地盯著櫥窗外的來往行人。——有兩位彪形大漢各自掖下夾著一個大包，從皮草店的大玻璃櫥窗前經過時，其中一人，看似不經意的用眼角往店裡掃去，常人很難察覺到的這個極其微小的細節，卻引發出一系列的反彈：突然，那中年男子從口袋裡摸出一疊鈔票，瀟灑地往玻璃櫃檯上一放，並迅速向女郎和店員匆匆關照了幾句，然後，出乎所有在場的人的意料，他一轉身，即以百米衝刺的速度，闖開大門，狂奔至馬路對面的別克轎車。接下來發生的事，好像是經過反覆演練了無數次的情節，因為一切進行得實在太默契了，天衣無縫，人到車發動，關好車門那瞬間，車已啟動。就在別克啟動的同一剎那間，響起一陣密集的槍聲，只見那兩位彪形大漢和

另外的男子，以專業動作瞄準射擊，雖然他們訓練有素，槍法精準，但是所有的子彈都無奈地被擋在汽車防彈玻璃窗之外，車內人毫髮無損。受驚的行人們還沒有回過神來時，那別克車已向東急馳，消失在馬路盡頭，只留下女郎一人站在皮草店裡發呆……。

這極具戲劇元素的驚險一幕，如同好萊塢大片那樣刺激，自然成為第二天上海各報的頭條新聞，轟動「孤島」內外。然而，對於普通市民來說，這上下不連貫的劇情，有如一頭霧水，不明真相。直到十天以後，從重慶到主流媒體刊出的「香港電訊」上，市民們方恍然大悟，原來這不是電影的現場拍攝，而是國府策劃的一次功敗垂成的除奸行動。

上述一幕即是七十二年前轟動「孤島」的刺丁案。不可否認，無須藝術加工，事件原貌本身的表象就充滿著戲劇元素，為受眾提供了無限的想像空間。

一次看似天衣無縫的暗殺行動，竟功敗垂成，按說，行動由中統上海站長親臨現場指揮，並由數名訓練有素的職業殺手上陣，槍響人亡，原在意料之中。然而事與願違，馬路上槍聲不斷，被鎖定的目標竟躲進防彈汽車毫髮無損。對於一場由最高層直接關注的謀劃周密的刺殺行動來說，實屬意外。因此，案發後曾反覆檢討、眾說紛紜。時至今日，仍是「還原」熱中的聚焦點。

檢討失手原因的主流敘述出自中統局的檔案資料，可信度最高。資料記載：丁默村和鄭蘋如進入「西伯利亞」後，丁以其職業警覺發現情況有異，取出百元鈔票，交給櫃檯。告訴店員，大衣做好後即送潘三省宅，交代完畢，丁隨即「匆匆竄入停於門前之保險汽車。」中統預先埋伏在附近的指揮者陳彬，發覺丁迅速從皮草店走出，馬上「領導行動同志連發數槍，均擊中車廂玻璃，未能將丁逆狙殺，是誠可惜。」（注15）該資料認為，因環境背景過於單純，過往行人車輛不多，容易覺察四周有異樣人物隱藏等。當年，刺丁案前後，曾在中統上海站與陳彬並肩戰鬥的溫啟民先生，有關現場的回憶，與上述中統局檔案基本一致，詳情可參見溫啟民先生的《記抗日烈士陳彬》一文。其他文本有關失手原因的分析，由於不是出自第一手資料，又多是孤證，故在此不贅。倒是鄭蘋如妹妹的最新說法值得一記，她說，「那天汽車停在了皮衣店門口，時間很短，人根本還沒進去，小說上說的給錢什麼的根本沒有，人要是進去了，就不容易打了，一定要在外面。人要進去的時候就開槍，當時不知道除了什麼情況，負責開槍的兩個人中的一個人槍壞掉了，打不出子彈；另一個全打在了汽車上，沒打到人，失敗了。」（注16）按她的說法，丁根本未進皮草店，因此，接下來的所有情節都不存在。此說與其他所有版本皆有不同。由於她本人不是現場目擊者，口述時也未提供信息來源，屬於第二手資料，而且是孤證。因此，中統局檔案的保險汽車救命一說仍是當下最權威的文本。

案發後，陳彬、嵇希宗曾多次與鄭蘋如共議善後對策，鄭蘋如在可供選擇的多種方案中，最後為完成制裁令的任務，而選擇了冒死再找丁逆拼命，不幸落入日偽圈套，獻出了自己寶貴的生命。

六、深入虎穴與魔鬼同行
——陳彬奉命潛伏李士群身邊

未遂的刺丁案，使日汪集團極為恐慌，為防止重慶再次出手，日汪特務加大打擊力度。汪記特工總部的特務們絕大部分都是丁李從原來的「兩統」組織中拉出來的變節者，他們投靠新主子後對昔日的同事故友毫不手軟，老熟人變成新對頭。以體制內各種資源為後援的汪偽方面，在這場秘密戰線上的打打殺殺中略占上風。僅刺丁案發後，短短二三天內，中統又有八十多人被捕。而鋤奸組的指揮者陳彬更是汪偽重點搜捕的對象。正是由於鄭蘋如烈士在獄中嚴守組織秘密，保護了陳彬及行動組同志的安全。

陳彬隱匿於租界內，在日汪行政管轄權之外，與日汪魔掌直接統治的上海淪陷區相比，算是相對安全的。對於陳彬等地下軍來說，上海的潛伏背景有其特別不利的因素，即對手們都是掌握自己底細的老熟人，如原中統上海區副區長蘇成德，投靠七十六號後成為汪記特工總部第四廳廳長，原中共團中央書記胡均鶴叛共後任中統上海區副區長兼情報科長，投靠七十六號後即被任命為特工總部南京區副區長，不久又調到上海擔任特工總部第二處處長，專門對付中統和共產黨。原中統派在偽財政部任稅務警察的馬嘯天投靠七十六號後，任日偽政治部保衛部政治警察署署長，又如原中統上海站副站長張瑞京、原中統上海調統室主任鄧達謐以及一批他們的下屬舊部都被七十六號收羅為日偽的鷹犬，出沒於諜戰的第一線，給陳彬剛接手的中統上海站工作造成了很大的威脅。以知己知彼百戰百勝的原則而言，被對手掌握了大量資訊的中統上海站新任站長陳彬，一出師就陷於腹背受敵的不利境地。正如親歷當年秘密戰爭的溫啟民先生回憶：「汪偽政府成立時，在淪陷區吸收變節分子頗多，其中不乏與陳氏（按，指陳彬）曾經同事或者素識者，故陳氏至滬工作後不久，即被汪偽特工發現，追蹤監視。」（注17）在險象環生的惡劣環境中，陳彬憑自己的機智和戰友的掩護，多次化險為夷。

一九四〇年十一月八日，陳彬的二女兒陳維莉出生，正當全家沉浸於天倫之樂時，不幸，災難已悄悄走近陳彬及其家人。那時，雖然離一九三七年八一三事變已有三年半的時間，但上海的公共租界和法租界名義上仍在工部局的管轄範圍之內，根據租界文化特殊的遊戲規則：日偽軍警特工不得隨意進入租界緝捕疑犯，確有捕人必要，則要先發官方簽票，方可進入租界，同租界警方共同捕人。抗戰之前，中共的許多機關都在租界落腳，也正是利用了這種租界文化的特殊性，來掩護其秘密活動。而日軍佔領上海的華界以後，國府抗日地下軍也都以租界為據點，搜集情報、懲處漢奸。八一三抗戰中有謝晉元中校率領的四行倉庫八百壯士在完成任務後也全部撤入租界避難。八百壯士實際上只有八十八師五二四團第一營的四百多人，駐紮在公共租界的膠州公園，在公園中央圈出約十五畝左右地方作為營地。膠州公園坐南朝北，前門開在昌平路八八八號（今體育場大門），後門靠著新加坡路（今餘姚路晉元里），上海人把這裡稱為孤軍營。八百壯士在營內不忘國恥、每天堅持徒手操練、拳術訓練，用木頭做成的假槍練習刺殺。從此上海市民也多了一件日常的功課：川流不息地去探望孤軍，最多時一天達數千人之眾。孤軍的高風亮節成為淪陷區漫漫長夜裡的一盞明燈。陳彬與地下組織的戰友們也偽裝成探望的市民混在慰問的人流中，鼓勵愛國將士堅持民族大節，並以孤軍的事蹟激勵上海市民的愛國熱情。謝晉元及其孤軍營像插在日寇身上的尖刀，敵人多次威逼租界當局交出謝晉元，無果之後，日特機關長楠木大佐直接命令漢奸常玉清設法謀殺謝晉元。一九四一年四月二十四日，被常玉清收買的迫擊炮連郝精誠、張國誠、尤耀亮和張文卿四人，趁謝晉元不備，用工兵短柄鐵鎬猛擊其後腦。一代抗日英雄竟慘死在民族敗類手下。那是一九四一年春夏之交，也就是鋤奸案發後十八個月左右，美日惡交，戰爭的陰影籠罩在孤島上空，日偽氣焰囂張，不把租界文化所沿襲的遊戲規則放在眼裡，而租界裡的執法者也預感到大禍將至，所以在日汪胡作非為面前也常常臨陣退卻。在氣勢洶洶的日偽恐嚇下，公共租界工部局竟然將四個兇手交給日偽方面，使他們逃脫了應用的懲罰。租界當局的軟弱行為，使日偽看準了英美已深陷歐洲戰局的困境，無法再現當年租界執法的雄風，於是得寸進尺。繼四月二十四日謝晉元被害的第六天。一九四一年四月三十日深夜，汪偽特工會同上海日本憲兵隊越界潛入公共租界內，將陳彬和夫人溫斐女士，以及兩個幼女全家四口秘密逮捕。隨即拘禁於七十六號汪偽特工總部。「其時偽社會部長丁默村，及偽特工總部長兼偽江蘇省省長李士群，與陳氏（按，即陳彬）均素識，並極欣賞陳氏才華，爭相延攬。」（注18）但陳彬堅持民族大義，不為所動，受盡老虎凳、辣椒水等酷刑折磨。夫人溫斐及二女也同陷牢獄之災，特別苦了那六個月的幼嬰正在哺乳期內，因母親奶水不足，餓得她整日在牢裡哭鬧不停。後被靜安別墅的好心鄰居任玉瑛女士從獄中救出（注19）。

一方面，陳彬在牢裡受盡酷刑、堅貞不屈，另一方面，卻是「為了能夠保存中統在上海的實力，在徐恩曾的授意下」指示上海區的一些特工設法打進汪偽內部充當潛伏者（注20）。重慶高層認為，此時已身陷牢獄的陳彬正可以將計就計隱蔽在汪偽內部執行潛伏任務。據知情者回憶：「陳氏（按，即陳彬）被汪偽拘捕時年方三十，正值有為之年。中央為愛惜熱血青年才俊，即透過有關管道向偽府設法營救，並命陳氏……潛伏偽方，以求後效。（注21）」

於是，在組織指令下，陳彬潛伏於李士群身邊，被任命為偽江蘇省保安處保安團長，駐防蘇州附近。據知情者回憶，這位潛伏將軍念念「不忘抗日救國宗旨。」「到職後對淪陷區反動分子均強烈鎮壓，對善良百姓則時加撫輯。」（注22）據最新解密的資料，李士群本身就是一個同時為幾個不同的情報機構服務的多面間諜。而本書主人公陳彬將軍，就是在這個神秘而恐怖的魔頭身邊潛伏三年之久。這段與魔鬼同行的歲月，自然險象環生、驚險無比。哪一幕不是如臨深淵、哪一刻不是如履薄冰，正如常言所道，真實的生活比虛構的故事更精彩。深入虎穴的陳彬，見證了李士群一僕數主的多面間諜身份。他在完成重慶所賦予的潛伏任務的同時，付出了常人所難以想像的代價：忍辱負重地與詭計多端的特工頭子長時間地零距離接觸，真是名符其實的與狼共舞。陳彬充分利用自己的身份將日偽的核心機密源源不斷送往重慶當局，為抗日事業建立了特殊功勳。

一九四三年秋，日寇侵華戰爭已深陷泥淖。太平洋戰場又節節敗退，不詳的預感使日汪陷入末日的恐慌。把丁默村排擠出局的李士群，愈加暴露出他的貪欲和野心，最後，蘇聯諜報網影子小組全軍覆沒後，作為蘇諜小組核心成員的李士群終於因其紅色鼴鼠身份的暴露，而被日方秘密處死，這就是轟動一時的李士群毒斃案，對此，將有後文詳述。李中毒身亡後，直接下毒的日方唯恐李士群的部下生變，採取了防患於未然的措施：日本派遣軍總司令部電令蘇浙皖三省凡有汪偽特工組織的城鎮，實行戒嚴。連正在「清鄉」前沿南通城也緊逼城門一天，禁止行人出入。據說是為了防止李士群的部屬暴動。而潛伏在李士群身邊的陳彬，自然成了日軍防範措施的目標對象之一。剝奪了陳彬的軍權，免去偽保安團長一職。「所部繳械整編」（注23）。

陳彬免職後，家裡整天傳出夫婦吵架的聲音。夫人也不怕家醜外揚，跑到太太們的交際圈裡宣揚，陳彬納有小妾，在外金屋藏嬌。而陳彬則以「這樣的日子怎麼過」為由離家出走。外人眼裡，這是一場喜新厭舊的婚變劇，司空見慣、不足為奇（注24）。知情者則讚賞這齣夫唱婦隨的雙簧戲，演得惟妙惟肖。原來這是為麻痺監控者而設計的障眼法。在家庭矛盾的掩護下，合乎邏輯的離家出走回到廣東。其實，陳彬夫婦是一對恩愛伉儷，平時相敬如賓，為了把假戲做得逼真，陳彬只好孤身遠行。而夫人溫斐女士雖然與丈夫難捨難分，但為把這出假戲演得善始善終，只好獨自帶著四個幼兒暫留蘇州，忍受離別之苦。

陳彬在廣東期間，以策反偽軍為工作目標。當時，二戰的結局已十分明朗，中國戰場上日偽敗局已定，汪偽政權的高官們都急於為自己尋找退路。而國共兩黨的地下人員乘機而入，招降策反是重慶延安秘密工作的重點。而雙方又互揭對方與日偽勾結。一九四五年春，這場宣傳輿論戰愈演愈烈，其中陳彬在三年前提供的一份情報，三年後竟意想不到地成為這場輿論戰裡的一顆重磅炸彈（詳述請見下節），但這時陳彬已在廣東執行新的任務了。

七、截獲日汪高端機密情報
——陳彬陪同潘漢年赴會汪精衛

上海鋤奸時期和蘇州潛伏時期，是陳彬特戰生涯的重要一頁，但隨著時間的流逝，當年的親歷者、見證人已屈指可數，而溫啟民先生則是陳彬這段經歷的重要的見證人之一。對於陳彬的抗戰經歷，作為僅有的幾位倖存者，他是有發言權的。溫先生一九四九年離開大陸之後，在自己的私人空間裡珍藏著這段寶貴的記憶，他曾為海外媒體撰寫了《記抗日烈士陳彬》一文。一九九七年春，溫先生得知陳彬之女陳維莉女士正在德州達拉斯探親，就特邀陳女士到洛杉磯家中小住數日。陳女士深知：對於打撈歷史，修復父親的本來面目，這個千載難逢的機會不可多得。而溫先生則抱著為抗日戰史留下真實記憶的使命感，講述了不少鮮為人知的往事。臨別時，溫先生語重心長地對陳女士說，「你應該為自己有這樣一位為國捐軀的父親而感到驕傲。」

溫先生的講述，打撈出不少被沉沒的歷史：陳彬受命潛伏敵營，監視李士群一夥的活動，為重慶搜集情報，利用職務之便暗中向抗日軍民運送軍火彈藥糧食等等，營救被日偽抓捕的抗日軍民。其中不乏共產黨新四軍方面的幹部。據可靠消息，其中一位被營救的共產黨人，一九四九年後任職中共山東軍區頭頭。陳彬忍辱負重地完成了上級交付的使命。據悉，李士群就是通過陳彬，暗中與重慶保持聯繫。溫先生說，由於秘密工作的紀律，陳彬的工作保密性極強，有的他也不知情，有的他即使知情也無權對國家機密任意解密。但僅從他耳聞目睹的蛛絲馬跡中，就可一葉知秋。

說到國家機密和所謂保密紀律。溫先生回憶了一九四五年春，重慶主流媒體披露「潘漢年密會汪精衛、李士群」的爆炸新聞。不久毛澤東親令延安媒體駁斥國民黨的「造謠污蔑」。一九五五年，潘漢年在北京承認，當年報上所說的「密會」確有其事，毛澤東大怒，潘漢年下獄，株連無數。一九八二年，潘案徹底平反。「密會」的存在雖已作為真實的史料進入主流文化的敘述系統，但有關「密會」的細節，依然是各執一詞的一團亂麻。而一九九七年春，知情人溫先生在向陳女士講述往事時，勁爆內幕，原來是中統安插在李士群身邊的潛伏將軍在第一時間把汪潘密會的情報上報重慶。

「從國民黨的立場講，陳彬立了大功」溫先生嚴肅地講述著往事，「一九八二年，潘漢年看似徹底平反了，但在汪潘密會、李潘密會等議題上，大陸傳媒遣辭謹慎、而且前後矛盾。有的說是李士群挾持潘漢年去見汪精衛，有的說是李設計誘騙潘去見汪，潘事先並不知情。更有說潘漢年是誤見汪精衛等等，可能嗎？像潘漢年這樣老謀深算的中共諜戰第一高手，若如此輕易被誘騙，豈不是侮辱潘漢年的智商？要說挾持，李士群有這個膽量嗎？汪潘會、李潘會的成局為什麼這麼順利？就潘漢年這邊說，沒有延安的密令，他可沒有吃豹子膽。當年，史達林和東條英機秘訂日蘇和平條約出賣盟國，為的是把戰火引向英美，減輕蘇聯的壓力。共產國際根據史達林的授意指示延安與侵華日軍卵翼下的汪偽政府聯繫，必要時聯汪反蔣，在這樣的國際大背景下，汪潘會、李潘會是汪李的需要、也是延安的需要。因為雙方都需要，不謀而合、水到渠成。所以才像有癮似的，一次不夠，再來兩次三次，雙方各有所獲、互不欠賬。其實，整個抗戰期間，重慶與南京、延安與南京，都有千絲萬縷的聯繫，各種聯繫通道的存在，早不是什麼秘密，問題是有的只能做不能說。要揭露對方，就要抓住證據，這就要看鑽到鐵扇公主肚子裡的那些孫悟空的本事了。汪潘會、李潘會當然屬於最高級的機密，正是各路諜報英傑要捕捉的情報，而陳彬在這件事上所以能露一手，也算他的運氣，因為他是陪同潘漢年、李士群去見汪精衛的那四五個人中的一個，直擊密會現場，而且第一時間上報，這一招幹得漂亮。」

溫先生又說，「重慶接報後，不動聲色。潘漢年那邊還以為保密工作到位，平安無事。誰知，三年後，報章揭秘，弄得驚天動地，潘漢年受害不淺，說起來也怪他自己。那時潘漢年派出的臥底已臥到周佛海的府上，通過任庵搞到了蔣介石『特任周佛海為京滬保安副司令』的密電，還命令周佛海收編、整編京滬各地偽軍，以備後用。延安得到這個密電內容後，中共中央即在報上公開揭露蔣汪勾結，證據就是潘漢年的臥底所竊取的密電。老蔣大為震驚，重慶決定還以顏色，隨即把三年前已截獲的汪潘會、李潘會等等公開披露。延安同樣大為震驚，毛澤東親自過問，分別在內部通報和新華日報上公開闢謠，怒斥這是造謠污蔑。姑且不論汪潘會的功罪得失，就事論事而言，毛澤東所怒斥的造謠污蔑正是陳彬見證的鐵的事實。對於飽受『渝寧勾結』指責之苦的老蔣，有關汪潘會的情況無疑是給了他一顆還擊的炮彈。令潘漢年意外的倒不是重慶所披露的內容，而是老毛過後的翻臉不認賬，讓所有的既成事實叫潘一個人去承擔。（注25）」

溫先生還說，後來大陸的抗戰敘事中已坦承潘漢年是按照延安的指示選派關露打入七十六號內部，並由關露、胡均鶴等多次安排李士群、潘漢年密會。至於大陸媒體極力渲染「汪潘會」是潘被騙與會，溫先生認為，無論哪方主動，潘李會和潘汪會不過是五十步和百步的區別。

據陳維莉女士回憶，一九九七年春，與溫啟民先生相敘的日子裡，溫曾多次展示大陸出版的文史資料和回憶錄，他指著一本書，不滿地說：「有人以為死無對證就可以信口開河，這本書在寫到潘汪會時講，『瞭解這件事經過的共有五個人，汪精衛、汪精衛的秘書長陳春圃、李士群、胡均鶴和潘漢年。』錯！至少還要加上陳彬，這是你父親親口告訴我的——當然按保密紀律我不該知道——潘漢年見汪精衛的那一次，你父親說他全程陪同。（注26）」

八、策反偽軍刺殺敵酋
——制裁日寇特務機關長柴山醇

抗戰時期，交通不便，信息傳遞十分困難，陳彬到廣東後，雖然定期給蘇州家眷寄送生活費用，但由於潛伏環境的特殊性和秘密工作的紀律所限，對於陳彬在江防司令任上的工作情況所知甚少。直到抗戰勝利，陳彬仍杳無音信，夫人溫斐女士乃攜四位幼女千里尋夫，從上海登船到汕頭，歷盡艱辛，回到廣東老家。溫女士在溫仲琦（注27）、溫啟民等家鄉親友的協助下，多方奔走，直至電告南京中央查詢。「由中央電致軍事委員會廣州行營主任張發奎將軍調查（注28）」

當調查結果傳來，猶如晴天霹靂。原來，一九四五年四月，在華南沿海地區發生了一件使抗日軍民大快人心的重要事件：日本高級將佐、華南派遣軍特務機關長柴山醇（前汪政權最高軍事顧問）遇刺身亡，這是自一九三二年白川大將在上海虹口公園被朝鮮抗日志士暗殺以來，喪命於地下軍槍下的最高級別日軍將領，使東京大本營極為驚慌，而這次暗殺行動的組織策劃者陳彬卻不幸以身殉國。

柴山醇是死心塌地的軍國主義分子，在華南不分晝夜地捕殺抗日軍民和無辜同胞，雙手沾滿國人的鮮血。奉命回廣東執行策反任務的陳彬，抵廣州後，受命潛入敵營內部，出任「偽廣東省海防司令……乃積極聯絡抗日志士及偽軍，俾充實自己力量，準備策應國軍反攻（注29）。」不久，組織即命令陳彬設謀暗殺柴山醇。對於頗有制裁經驗的陳彬來說，直擊日軍首腦，自然具有擒賊先擒王的威懾效應，但同時，操作的難度也相應提高。當年刺丁案時，有中統上海區的組織資源作為後援，雖然陳彬接手的中統上海站是一個幾乎解體的爛攤子，但上海站畢竟是中統當時實力最強的外勤組織，兵強馬壯。在慘遭打擊的縫隙裡，還有留下外勤嵇希宗，安插在丁逆身邊的鄭蘋如也沒有暴露；與此次孤身隻影來到廣東相比，那時還有溫啟民、王應錚等忠誠同志相伴相助。因此，這次面臨的是比刺丁行動更為險惡的不利環境。

然而，陳彬臨危不懼，機智果斷地策反了「和平救國軍」廣東省海防軍司令宋卓愈將軍。宋卓愈（一〇〇四～一九四五），翁源縣石示頭宋屋人。陳彬發揮專業特長，以宋曾參加淞滬抗戰的往事，激發其愛國熱情，成功策反了這位宋司令。宋不僅答應屆時率領所轄艦艇和一支步兵部隊起義，報效祖國；而且不願坐等勝利的到來而要再立新功，決心以刺殺柴山醇為國除害的實際行動，來迎接抗日戰爭的最後勝利。廣東省海防軍司令部設在澳門海域對面一個名叫馬騮州的小島上，島上駐有海防軍一個營的兵力，並配備有兩艘小型戰艦：海防一號及海防二號，另有一艘裝有飛機馬達的快艇，供執行海上特殊任務之用。副官處長許仲恩、副官甘英善、軍需處長江普芳、軍需官宋茂貞等宋的同鄉，都分任司令部的要職。而暗殺行動組也有上述四位同鄉加親信組成。行動組建立後，四位成員一致表示，不成功便成仁的視死如歸的決心。在群魔亂舞的敵營之內，陳彬與宋卓愈巧妙地策劃著制裁計劃。

但是要刺殺柴山醇這個惡魔，絕非輕而易舉。因為柴山醇的戒備森嚴，每逢外出，身邊總帶有一批全副武裝的日本憲兵和便衣特務。陳、宋等決定不可硬拼，只有智取。行動組緊緊跟隨數日尋找下手機會。一九四五年三、四月間，宋親自帶行動組每天從馬騮州島乘著快艇，高速前往澳門偵查敵酋的行蹤。這艘日軍撥給海防軍用於搜捕抗日軍民的先進快艇，反而成了暗殺日酋的專用工具，也頗具諷刺意義。老天不負有心人，機會終於來了。一天早上，行動組的快艇抵達澳門七號碼頭時，突然發現柴山醇只帶一名日兵站在碼頭後面的石堂上，正用望遠鏡瞭望海面上往來的船隻。行動組抓住日酋專注海面前方的機會，乘其不備，快艇及時從柴山醇身後靠岸，副官處長許仲恩、副官甘英善迅速從敵人背後跳上岸去，許瞄準柴山醇，甘則對準日兵，兩人在距目標僅數尺的近距離內，同時用左輪手槍連續射擊，敵酋和他的衛兵雙雙中彈倒地，殺人魔王終於受到正義的懲罰。行動組則毫髮無損地乘快艇安全返航。

九、抗日英雄血濺馬騮洲島
——陳彬殺身成仁以身殉國

這次堪稱經典之作的暗殺行動，使日本侵略當局非常惱火，當即向澳門葡萄牙當局提出強硬交涉：要澳門當局限期破案，捉拿兇手。否則，日本政府就要來接管澳門的警政權。案發第六天，日方從高速快艇作案的線索中，追查到陳彬、宋卓愈等人身上，日軍指揮官吉富英雄、澳門警察廳長布英沙親率日葡雙方的軍警憲從澳門中央酒店七樓、宋司令長期包租的房間裡把宋抓獲。而在這同時，日本軍艦進駐馬騮州島，日軍衝進島內的海防軍營地，圍攻海防軍司令部。海防軍在陳彬策反下，本來早就準備適時起義，在這大敵當前的危機關頭，便在陳彬率領下奮勇反擊，司令部的大部分弟兄在戰鬥中英勇犧牲，陳彬終因寡不敵眾而被日軍抓獲。陳彬、宋卓愈被捕後，在日軍的嚴刑逼供下，寧死不屈，保持了堅貞不屈的民族氣節，侵略軍在一無所獲的情況下，為報復「制裁行動」，在一九四五年四月二十五日，殘酷地集體槍殺了海防軍抗日義士（整個行動中僅副官處長許仲恩和軍需處長江晉芳兩人脫險）。孟子曰：「自反而縮，雖千萬人，吾往矣！」在這黎明前的黑夜裡，馬騮州島上灑滿了烈士的鮮血，但其浩然正氣，光照千秋、永垂丹青！

為告慰馬騮州島上被日軍虐殺的抗日志士，廣州行營特向審判日本戰犯的軍事法庭對日本華南派遣軍特務機關長肥厚提起公訴，經軍事法庭審判，核定肥厚「殘殺戰俘罪」成立，依法判處死刑，以慰抗日烈士在天之靈。廣州行營「電覆中央，由中央轉請國民政府，頒發陳氏（按，即陳彬）遺屬撫恤金十年，子女就學讀書免費，併入祀抗日烈士紀念堂。以慰忠魂（注30）。」

陳彬當年在隱蔽戰線上的戰友溫啟民先生，原先與陳彬夫婦過從甚密。一九四九年後，溫先生攜全家經香港到台灣，六〇年代，三年「自然災害」期間，溫從境外給陳彬遺屬郵寄食品物品，後來溫移居美國，定居洛杉磯。一九九七年初，陳維莉女士赴美探親時，在溫家小住數日，共敘別後滄桑。在洛杉磯期間，陳女士記錄了溫先生口述的許多資料。

溫啟民先生對陳女士談起，他在美國讀到大陸出版的一些前戰犯、前國府特工的回憶錄，竄亂事實、曲意諂媚的文本比比皆是，最不能容忍的是還有不少顛倒黑白、弄虛作假。有關陳彬的部分，製假售假、張冠李戴、冒功頂替的現象十分嚴重。他說，「制裁丁默村事件明明是陳彬調到上海後中統上海站實施的第一大案，可是卻有好幾本書都說是軍統陳恭澍領導的，而且把巾幗英雄鄭蘋如糟蹋得不堪入目。說鄭為取悅上司陳恭澍才參加刺丁行動小組。這簡直是天方夜譚，把中統的行動說成是軍統所為，把陳彬指揮的行動說成是陳恭澍的功勞。不說他冒功頂替，至少也是張冠李戴。烈士雖逝去久矣，然其英名又豈容宵小如此踐踏。」

「陳恭澍如果是條漢子，就應該主動澄清事實，闢謠，否則就成了默認。」溫先生痛感：「國民黨不爭氣，內部不團結，中統軍統鬥得你死我活，鬥來鬥去把大陸也鬥丟了。再鬥吧，在共產黨眼裡，什麼軍統中統特務漢奸，統統是反革命，統統鎮壓，沒有例外。有的人才當了幾天中統或軍統，被共產黨關起來，放出來就大寫回憶錄，反正目擊證人不是已經亡故，死無對證，就是在台灣香港美國，不會有人來當面對質。而不知情的讀者，卻認為這是人家國民黨內部自己人講的，哪有不信之理？唉，歷史就是這樣被玩弄。」

溫先生憤怒地說：「我勸那些冒牌的知情人、目擊者別忙著寫回憶錄，先把良心放正再動筆吧。有些人就是藉著寫回憶錄美化自己。（注31）」

當下，因《色戒》熱而打撈出來的真相或「真相」，魚龍混雜地湧入了公眾的視線，以身許國的巾幗英雄被醜化為人皆可夫的蕩婦淫女，專以色情獵取情報；戰鬥在敵人心臟裡的隱蔽戰士的功勳，或被張冠李戴，或被冒功頂替，或被一筆抹殺。也許，對於那個曾經覆蓋了整整幾代人的特殊語境，這是一種另類的懲罰。因為，在抗戰敘事的話語權被某種顏色所壟斷的歲月裡，兩統人員的抗日事蹟，幾乎是民族記憶裡的一片空白。而這空白，為金雄白之流的假貨贗品提供了趁虛而入的機遇。總的來說，還原熱的主流是健康的，但也發生了一些不該發生的憾事，對此筆者感受良深：遲至今日，才為鄭蘋如、陳彬這樣的英烈歷史定位，本來已屬遲到的正義，不應再讓忠魂遭受新的不公與傷害。因此，在盤點已打撈上來的真相或「真相」時，當務之急，還是輯軼鉤沉、去偽存真、去蕪存菁，不要再為新生一代的金雄白之流提供渾水摸魚的機會。

注釋

1. 詳見溫啟民《記抗日烈士陳彬》，刊於台灣《廣東文獻季刊》第二十卷第一期。
2. 詳見許洪新《一個女間諜・附錄2》，上海辭海出版社二〇〇九年四月版第一二五頁～第一三四頁。
3. 轉引自許洪新《一個女間諜・附錄1》，上海辭海出版社二〇〇九年四月版第一二二頁。
4. 同注1。
5. 同注2。
6. 詳見王曉華蘇華：《七十六號魔窟》台海出版社二〇一一年二月版，第一一七～一一九頁與一二三頁等處。
7. 金雄白，曾任南京《中央日報》採訪主任。一九三九年投靠汪精衛，任汪記國民黨中央政治委員會法制專門委員會副主委，日本投降後，金被江蘇省高等法院以「通謀敵國，圖謀反抗本國」的罪名，判處兩年半徒刑。刑滿後到香港，一九五四年開始煮字療饑，一九五七年《春秋》雜誌創刊之初，又用朱子家筆名撰寫長篇回憶錄《汪政權的開場與收場》近八十萬字，由於是最早敘說汪偽政權故事的人，吸引了不少讀者，一再加印，共印了八版。香港著名傳記作家寒山碧曾痛斥金的著作「自吹自擂，隱己之惡揚己之善」「除了厚顏無恥之外，我們實在找不到其他客氣一點的形容辭。」金在上述著作中，對鄭蘋如烈士惡意醜化。坊間一些歪曲鄭蘋如烈士的文本，毒源大多來自於這個金雄白（朱子家）。
8. 同注1。
9. 詳見中國人民政治協商會議廣東省梅縣委員會編：《梅縣文史資料二十九輯・梅縣將帥錄（第一卷）》一九九七年五月出版，第一三四～一三五頁。
10. 同。
11. 陳寶驊，係陳立夫堂侄，鄭蘋如由他經手「簽報吸收」加入中統組織；陳恭澍，河北寧河縣人，軍統四大殺手之一，一九四一年十一月被捕後，公開發表聲明，「絕然自新，躍出殘酷罪惡的組合，邁進於和平建設之營壘，深願追隨先進，擁護汪主席的和平救國之主張，以達成共存共榮之領域。」，一九四四年任汪偽特工總指揮部第二處（情報）處長，暗中又與重慶軍統恢復聯繫，抗戰勝利後，被委任為軍統上海站第三站站長，一九四六年以漢奸罪被捕，判刑十二年。一年半後被釋放，後任國防部綏靖總隊第一大隊上校大隊長。一九三九年八月，陳恭澍接任軍統上海區長，與陳彬調任中統上海站站長幾乎在同一時間。由於陳彬、陳恭澍、陳寶驊三人皆姓陳，又有文本沿用「陳氏」的稱謂，受眾極易張冠李戴，如《汪偽七十六號特工總部》（黃美真著，團結出版社二〇一〇年六月出版）第一〇七頁就有陳寶驊、嵇希宗、鄭蘋如等組成行動組的提法，不確。

12. 王應錚，廣東梅縣人，陳彬調任中統上海站長時，是陳的主要助手之一，參與鋤奸組行動。一九四九年到台灣後，任公職，退休後定居台北。一九九六年春，闊別四十七年後，王應錚攜夫人任玉瑛女士回上海，曾在陳彬女兒陳維莉家中逗留一周左右。期間，多次講述當年在陳彬領導下的地下活動經歷。陳維莉女士做了談話記錄。

13. 來源於筆者與陳維莉女士的談話記錄。據陳女士介紹，靜安別墅就是她的出生地。

14. 據王曉華等著的《七十六號魔窟》所述：李士群拿了麻醉藥給唐，並派丁金海、劉振才兩個便衣特務跟著唐逸君。唐乘趁張不備，將張瑞京麻倒，然後由丁劉兩人將張架進汽車，帶到七十六號關押。在李士群的勸說下，張表示願意參加「七十六號」，並交代了陳彬的鋤奸計劃。

15. 同注3。

16. 來源於《再印：鄭蘋如妹妹的述說》（鄭天如口述，楊瑩整理）。

17. 同注1。

18. 同注1。

19. 有關陳彬一家被捕前後的生活情況的資訊，來源於陳彬的舊部王應錚先生一九九六年春在上海對陳維莉女士的講述。那時，未婚的任玉瑛女士家住靜安別墅，是陳彬家的鄰居。這裡是王、任相識相愛的故地。四十七年後，他們舊地重遊，專門去故居懷舊。任玉瑛女士在回憶當年情景時，對陳維莉女士說，「我把你從七十六號領出來時，你瘦得可憐，營養不良，整天哭鬧，你後來身體虛弱、偏頭痛等……都是當年七十六號造的孽。」

20. 參見陳風《中統完全檔案》九州出版社二〇一一年一月版第一二四頁。

21. 同注1。

22. 同注1。
23. 同注1。
24. 筆者幼居蘇州，曾目睹李士群的參謀長×××私下覓一當地女子為小老婆，另築愛巢，半個月後，東窗事發，妻子打上門來，大鬧一場……這種不正常的社會怪象，也算當年的另類時尚。陳彬夫婦由此開拓思路，演出一場假戲。
25. 來源於一九九七年春溫啟民先生在洛杉磯寓所中與陳女士的談話記錄。
26. 姜頌平在《汪偽特工頭子李士群》中寫道：「一九四二年春，蘇州地區開始『清鄉』前，潘果然由徐漢光陪同，經鎮江到蘇州與李見面。隨後，李士群又偕胡均鶴、陳彬（時任偽特工總部江蘇實驗區副區長）、徐漢光等陪同潘漢年去會見了汪精衛」（詳見政協南通縣委一九八六年十月出版的《南通文史資料（6）》第一五三頁），姜說與溫啟民的說法一致，故溫說可信。
姜頌平，一九三九年底七十六號機構調整後任第二處副處長。（有關姜頌平的資料摘自張殿興編著《日偽七十六號內幕》，東方出版社，二〇〇九年八月第四十頁）。
27. 溫仲琦（一九〇一～一九八一）廣東蕉嶺縣人，早年師從朱家驊，一九三〇年任國民黨廣西黨部宣傳處長、梧州《民國日報》社長；一九四九年秋任廣州特別市財政局長，後隨國府遷台後，定居苗栗縣。
28. 同注1。
29. 同注1。
30. 同注1。
31. 同注25。

第二部　深入虎穴

十、七十六號魔頭李士群神秘死亡——一樁沒有破譯的世紀懸案

一九四三年九月中旬，汪偽政權警政部長、特工首腦、偽江蘇省長李士群，暴斃於蘇州飲馬橋私宅，消息傳來，震驚了整個中國淪陷區。蘇州當年是汪偽政權的江蘇省省會，省長突然神秘死亡，引發了街頭巷尾無數的猜測和熱議。一個又一個的演繹，把這樁命案戲說得撲朔迷離。最終，「日本人毒死了李士群」成為民間流傳的版本；一九四五年抗日戰爭勝利，各處冒出的地下軍們，爭先恐後地展示自己的暗戰業績，以便領功請賞。最搞笑的莫過於汪偽政權第二號巨奸周佛海，居然以長期接受重慶指令的臥底自居，在公審時為自己評功擺好，把毒斃李士群列為他對抗戰的第五項大功績：「五、誅鋤奸偽。李士群替敵人做爪牙。危害中央工作人員很多，戴局長通知我剷除，使中央工作人員減少困難的危險。我便和羅君強、熊劍東磋商，歷時四月之久，費款千多萬（當時的千多萬實在可觀），終把他毒死，這個人一死，中央在東南秘密的抗戰才能順利地進行。」一九四九年後，李案版本當然還得更新：而最權威的敘事出自全國政協委員、前國民黨中將唐生明的回憶文章，唐生明講述了他親奉蔣介石之命潛伏敵營，又奉戴笠之令，夥同漢奸頭目周佛海，設計了「鋤李」的上、中、下三策，最終敲定上策「反間計」——假日本人之手除掉了李士群。直到當今，仍不斷有更新的版本陸續問世……。

縱觀各種「李案」版本，在案發過程和現場細節上，都已達成眾口一詞的共識，即投毒者鎖定日本憲兵隊特高課課長岡村中佐夫婦等等。現將一個沒有太多爭議的文本簡述如下。

一九四三年九月六日晚，李士群接到岡村少佐的邀請，在上海百老匯大廈岡村家裡為他設宴。李士群不想去，因是日本人請客，礙於面子，還是硬著頭皮去了。到了百老匯大廈，賓主共四人，岡村、熊劍東、李士群及其隨行的偽調查統計部的次長夏仲明。隨後，岡村的夫人將日本風味的菜餚一道道端上桌。李士群心裡有戒備，看見別人動了的菜，他才稍加品嘗。最後，岡村夫人端上了最後一道菜，是一碟牛肉餅。岡村介紹說這是他夫人最拿手的菜餚，今天李部長來了，特地做了這道菜，請李士群賞光嚐一嚐。牛肉餅只一碟，李士群起了疑心，放下筷子不敢吃，他把碟子推給了熊劍東，說：「熊先生是我欽佩的朋友，應該熊先生先來。」熊劍東又把碟子推過來，笑著說：「李部長是今天的貴賓，岡村夫人是專門為你做的，我決不敢佔先啊！」李士群又想把碟子推給岡村。這時，岡村夫人又用盤子托出三碟牛肉餅，在岡村、熊劍東和夏仲明面前各放了一碟。岡村解釋說：「我們日本人的習慣，以單數為敬。今天席上有四人，所以分成一，三兩次拿出來，以示對客人的尊重之意。在日本，送禮也是以單數為敬，你送他一件，他非常高興。要是多送一件，他反而不高興了。」李知道日本人送禮講單數的習俗，經岡村這麼一解釋，他也就不再懷疑了。而且，看到其他三人把面前的牛肉餅都吃得精光，李士群也吃了三分之一。兩天後，李士群突然感到不適，開始是腹痛，接著上吐下瀉，送醫院搶救。經檢查，李士群中了阿米巴菌毒。

上述文本對現場細節和過程的完整修復，雖曾滿足了部分受眾的娛樂化的獵奇心理，然而，有識之士所探求的謎團懸念卻幾乎無一解密。因為，表象層面的事件過程的完整性和微觀層面的細節的逼真性，無法替代對隱藏在事件真相背後的本質揭示。

筆者對「李案」的關注，緣起於還原「刺殺丁默村案」真相的過程中。溫啟民、王應錚（注1）等「刺丁案」的親歷者們，講述了鋤奸小組指揮人陳彬將軍（注2）後來奉命深入虎穴、隱蔽於汪偽特工第一號頭目李士群身邊，與李士群零距離接觸的驚險往事。這兩位陳彬當年的老戰友和老部下，都不約而同地對李士群的神秘身份做出了與流行敘述不同的詮釋。兩位前輩，是三、四十年代國、共、蘇、美、英、日、汪多方間諜大博弈的見證者。他們認為李士群是中國間諜文化中最大的謎團，正是無數未解之謎堆砌成李士群的傳奇人生，給後人留下了一連串只有謎面、沒有謎底的超級大問號。兩位前輩的許多敘事，都以陳彬對李士群的評價為依據——畢竟只有陳彬才是潛伏於李士群身邊並深得其信任的人——筆者意識到也許這正是破譯所有謎團的關鍵密碼。在美國洛杉磯、在台灣台北、在上海，為揭開謎底、在兩位前輩的指點下，筆者把所有的懸念謎團梳理成下列幾個方面：

（一）一九二七～二八年間，作為中共黨員的李士群，由黨組織派到蘇聯留學，後又被選入蘇聯秘密警察學校受訓。為什麼主流文本對李士群的這段經歷遮遮掩掩、諱莫如深？

（二）一九二八年，李士群從蘇聯受訓回國後，被安排在中共中央特科工作。為什麼對於李士群在這個絕密的安保部門的工作業績至今鮮為人知？

（三）李士群第二次被捕不久，即參加國民黨特工組織。他對國民黨特工組織有何重大貢獻？無案可查！但有案可查的卻是他又接受中共特科紅隊的密殺令，執行了暗殺國民黨調查科上海區長馬紹武的行動，刺馬成功，震動國民黨高層，隨即李士群第三次被捕。在國共兩黨暗殺戰的刀光劍影中，為什麼李士群竟又能金蟬脫殼、化險為夷？安然出獄回歸調查科？他到底是奉命潛伏敵營還是自首變節？

（四）李士群以中統中尉情報員身份投奔日方，主持籌建七十六號特工總部的工作，為什麼竟能在短短一年時間裡力挫所有競爭者，瀟灑勝出，躍居汪政權特工組織第一把手？

（五）以七十六號為首的汪偽特工系統，在諜戰中曾殘殺中、軍兩統地下軍無數。但為什麼這兩統的剋星李士群從不殺共產黨人。相反，還成為共產黨人的保護傘和情報提供者？

（六）潘漢年、饒漱石等從李士群提供的情報中獲益匪淺，為抗日事業建立奇功。為什麼這些共產黨的功臣一九四九年後先後蒙冤入獄，下場悲慘？

（七）四〇年代初，李士群與中統上層重建聯繫的內幕如何？為什麼回歸中統組織後按流行敘事的說法「又被軍統假手日方毒斃」？

凡屬他參與的所有重要事件，都留下了一連串不解之謎，在這些只有謎面沒有謎底的問號裡面，一個最大的問號，倒並不是他的死亡之謎，而是對他真實身份的認定。因為，來自不同層面和不同側面的所有懸念，最終都聚焦到一個顯而易見的焦點：他是誰？他為誰服務？他為誰而死？他的一生，像是無數懸念堆積成的一座迷宮，時至今日，那些謎團仍困惑著有志於尋求歷史真相的探索者。

十一、蘇聯秘密招募外籍特工
——李士群成為蘇諜機構情報員

二十世紀前半葉，上海曾是國際隱蔽戰線的一個顯眼的競技場。蘇、日、美、英等世界各國的情報高手，中共的特科紅隊，國民黨的中統、軍統等等國內外的特工精英們皆雲集於此。一時間，風雲際會好戲連台。無論誰，若要講述那一段群雄爭霸的諜戰往事，都繞不開一個人的名字，他就是李士群。

還是先從身世說起，李士群於一九〇五年四月二十四日（注3）生於浙江遂昌縣城青雲路老宅。祖父李鳳池以開屠宰店為生，家境小康。父親李金餘早逝，家業由大叔父李金華主持。因李金華吸鴉片，家道衰落。李士群及兩個妹妹皆由母親王氏撫養成人（注4）李士群自幼聰明好學，起先在本鄉私塾就讀，又師從清末拔貢王昌傑老先生補習古文。高小畢業進了衢州中學。一九二四年前後來到上海，報考交通大學落榜後，考入上海美術專科學校。一九二六年春，轉入上海大學，這座由國共合作創辦的大學號稱革命搖籃，瞿秋白等著名的共產黨人皆在此任教，曾培養出一大批革命青年。經同學方木仁介紹，李士群加入中國共產黨。一九二七年四月由上海地方黨組織派往蘇聯莫斯科東方大學學習，不久，又被選拔到蘇聯特種警察（特工）學校受訓。這座位於偏僻的西伯利亞小城的間諜學校，實際上，是專門為蘇軍總參謀部在遠東建立自己的情報網，而特設的亞洲情報學校。學員多是不同國籍的共產黨員。李士群在這裡結識了同樣由中共派出的蘇成德，以後數十年，兩人幾乎走上同樣的道路，由中共黨員到中統特工，再到汪偽七十六號特工總部。

赴蘇學習，是李士群一生最重要的一個轉折點。不知是無意中疏忽還是有意迴避，坊間流行的文本幾乎都忽略了李士群的這個人生轉折點。而要破譯李士群神秘面紗的關鍵密碼，也正在於此。據解密的前蘇聯檔案透露：一九二七年末至一九二八年初，在蘇聯學習的中國學生已有八百人左右。臨近一九二七年底，首批幾個班的學生共計三百人左右，結束了兩年的培訓，一部分畢業上留在「中國勞動者共產主義大學」工作，或當翻譯，或當教官，或做研究中國的工作。「相當大一部分畢業生分配到蘇聯各類軍校和政治學院」（注5），「應中國共產黨領導人（特別是周恩來）的請求，蘇聯舉辦了專門軍事訓練班，」對「來到莫斯科的中國革命者進行軍事訓練，軍事訓練由總參謀部負責組織。」「中國班的教學宗旨中，一個重點是教授地下工作技術。在伏龍芝軍事學院、列寧政治學院、高級炮兵學校及設在基輔的各軍事院校都開設了中國班。」「僅在一九二七年內……中國班學員數就到達一四二人。」（注6）

請注意，負責中國班軍訓的蘇軍總參謀部，下屬有個情報總局，這個蘇軍總參謀部情報總局，與全俄肅反委員會（國家政治保安總局）和共產國際聯絡局是史達林時代蘇聯三大特工機構之一。一九二五年上半年，情報總局局長揚・卡爾洛維奇・別爾津呈報人民委員會的報告中，提出了蘇軍總參謀部情報部門的工作目標：「基本任務是為蘇聯紅軍最高指揮機構、各級司令部……服務，提供有關外國，特別是我鄰國和可能的敵人的軍事實力現狀，以及這些國家針對蘇聯的計劃和企圖的情報。對這一目的所必須的資料，情報部首先依靠自己的諜報人員獲取。」（注7）在那些年月裡，以世界革命司令部自居的蘇聯，以全球赤化為己任，發動世界各國人民展開推翻舊秩序的革命鬥爭，向世界各國招募並派遣了大批間諜，並藉助三大情報機構的平台輸出革命。二十年代末，蘇軍總參謀部情報總局為向國外派遣間諜，投入了大量專項資金。據解密資料透露，僅「一九二九～一九三〇年，撥給該部的經費是七十五萬美元和五十一・五萬盧布」為輸出革命的需要，蘇聯三大間諜機關，不斷從在蘇聯工作學習的外籍人士中招募間諜，經過特工培訓後派往原籍國，為蘇聯的利益服務。

李士群在參加由周恩來積極推動的上述軍訓中，不僅接受了秘密工作的常規訓練，而且被他的老師蘇軍參謀總部情報頭目謝苗・彼德羅維奇・烏里茨基將軍「慧眼」所識，並進一步開發了他的特工潛力，被秘密招募為蘇軍情報總局的直屬情報員，並進入情報總局專設間諜高等專科學校深造，最終被打造成一名以蘇軍為第一效忠對象的紅色特工，派回中國，長期潛伏，從此開始了他的超級鼴鼠的間諜生涯。於是，遠東隱蔽戰線上，圍繞著李士群，出現了一個一個難解的謎。

筆者在採訪溫啟民前輩時，前輩從切身經歷中深切感受到紅色特工的威力。他說：「二三十年代的中國，可謂是蘇聯紅色特工的樂園。蘇聯三大特工系統的觸角覆蓋了整個神州大地，滲透到中國社會每一個他們認為需要滲透的角落。上至國家最高層（如宋慶齡就是共產國際的秘密黨員），下至普羅大眾，到處都有蘇諜的蹤跡，真是無處不在。中國社會變動的歷次重大事件中，都有他們活躍的身影。十月革命後，最早派到中國的那些代表、顧問，幾乎都有特工背景，就是這些人創建了中共，同時又幫助國民黨改組。蘇聯始終在國共雙方同時下注。抗日戰爭時期，蘇聯公開援華，同時又秘密與日本簽訂密約，承認滿洲國，背叛中國，在中日雙方同時下注，他們是包贏不輸的賭徒。」雖然對於蘇諜無孔不入的滲透功能早已略有所聞，但因為有關蘇諜的檔案資料，那時並未全面解密，所以溫先生的講述令人出乎意料。溫前輩察覺到筆者的反應，他就以一九三一年六月聞名遐邇的「牛蘭案件」為例，痛陳自己當年耳聞目睹蘇諜對華全面滲透的情況。最後，他說，切勿低估蘇諜不擇手段的工作效率，為了蘇聯的利益，蘇諜（包括效忠於蘇諜的機構華籍情報員）在中國無所不用其極，只有中國同胞想不到的，沒有蘇諜做不到或不敢做的。許多歷史事件的真相，都被他們歪曲或掩蓋了。

直到十多年後今天，前蘇的秘密檔案陸續解密，重溫當年的採訪記錄，幾乎都能一一對號入座，在白紙黑字面前，不得不折服前輩們對蘇諜的揭示，真是入木三分，實屬珍貴的口述史料。據《蘇聯情報機關在中國》一書披露，原來一九一七年以後中國發生的許多事件都是蘇聯三大特工機構的傑作。當然，有的是偽作，從張作霖之死、李大釗之死到偽造「田中奏摺」……無一不是蘇諜們的工作業績，至於溫前輩提到的「牛蘭事件」，更是印證了前輩的講述是有真憑實據的。牛蘭一九三〇年三月任共產國際聯絡部的中國站負責人，專門負責共產國際與中國及亞洲各國共產黨之間的聯絡，共產國際通過牛蘭的合法公司向亞洲各國左翼政黨劃撥經費，據記載一九三〇年八月到一九三一年五月共產國際平均每月向中共提供二・五萬美元活動經費。牛蘭夫婦持有多國護照，以化名登記八個信箱，擁有十處住處，兩個辦公室，和一家商店。被捕之後，蘇聯方面深知牛蘭夫婦掌握大量蘇聯以共產國際為平台，干涉、顛覆亞洲各國政府的證據，一旦牛蘭經不住酷刑審訊而洩密或叛變，必將嚴重損害蘇聯形象，因此，為營救牛蘭，蘇聯不惜利用他們所掌握的各種渠道，動員全世界的輿論，顛倒是非地攻擊中國政府侵犯人權、濫捕無辜。共產國際書記彼亞德尼茨基，親自指揮全球範圍的營救牛蘭的反華活動，一九三一年八月二十日，保衛牛蘭夫婦委員會在歐洲成立，發起人有愛因斯坦、蔡特金、德萊塞、高爾基、史沫特萊、宋慶齡等，當時許多世界名人都被網羅在委員會之內。另一方面，蘇聯派出王牌間諜佐爾格以三萬美元行賄國民政府主管牛案的張沖，確認牛蘭被關在國府獄中後，蘇聯動用各種宣傳工具在全世界發起聲勢浩大的討蔣運動。為與歐洲輿論相呼應，蘇諜佐爾格還在上海也成立了營救牛蘭夫婦委員會，主要成員除第三國際秘密黨員宋慶齡之外，楊杏佛、魯迅等知名人士也都積極參與。史沫特萊還將魯迅文章翻譯成英文，在外刊發表，造成一邊倒的輿論。在輿論平台上完全主導話語權的同時，隱蔽戰線上，則暗中進行著金錢交易，佐爾格通過該案律師賄賂該案法官、陪審團，效果顯著。此案，蘇聯前後花費十萬美元，救出了牛蘭夫婦兩條命。一九三二年被判處死刑後，隨即改為無期徒刑，一九三七年八月出獄，蘇聯不惜讓宋慶齡這樣等級的秘密黨員拋頭露面（最新解密的蔣介石日記中，正式記載了宋慶齡代表蘇方與蔣交涉，轉告了蘇方以蔣經國交換牛蘭的建議，被蔣介石斷然拒絕。蔣在一九三一年十二月十六日日記裡寫道：「孫夫人欲釋放蘇俄共黨東方部長，其罪狀已甚彰明，而強余釋放，又以經國交相誘。余寧死經國不還，或任蘇俄殘殺，而絕不願以害國之罪犯以換親子也。絕種亡國，乃數也，余何能希冀倖免，但求法不由我而死，國不由而賣……」）。於是以諜戰劇開場的牛蘭案最終以陰謀劇收場，這齣陰謀劇堪稱蘇聯為目的而不擇手段的典範。

溫前輩在講述牛蘭案時，曾無限感慨地說：「連人贓俱獲的案件都可以扭轉乾坤，試問，他們還有什麼做不出？李士群從中尉到部長的突然發跡的奇跡，同樣也是由這個萬能的蘇聯國家機器創造出來的，如果一定要用奇跡這個詞來概括李士群的發跡，那麼這奇跡的創造者不是李士群個人，而是他置身其中的那個蘇聯間諜網。蘇聯強大的國家機器，才是李士群奇跡的真正創造者。」（注8）這是前輩所給予的一個關鍵性的提示，沿著這個提示的邏輯取向，必然會梳理出一個清晰的思路：一九二八年李士群學成歸國，到中共中央特科工作。實質上他已脫胎換骨地變成蘇軍情報總局的外籍情報員，而根據蘇軍情報總局的規定，該局情報員必須是蘇共黨員。所以，這時的李士群，他的效忠對象是蘇共、蘇軍情報總局，而不是中共。

十二、中共特科紅隊的「實習生」
——李士群見習諜戰前輩非凡身手

據蘇聯解密的文件表明，創建中共特科之初，一九二八年在蘇聯莫斯科召開的中共第六次全代會上，正式決議責成中共中央特科要「盡可能同蘇聯情報機關進行合作」，因此把李士群回國後參加中共特科工作解讀為是蘇共與中共的特工組織的一個合作項目，是有邏輯依據的。如果說，由於意識形態的一致性，而使李士群同時也效忠於中共的話，那麼，實際上，他首先效忠的不是中共特科而首先是蘇軍情報總局。李士群這時的效忠對象的排列順序不僅在邏輯上有堅固的支撐點，而且蘇聯解密文件也為證據鏈提供了鏈接的接口。本文將在下文對有關證據做詳細引述。無論李士群回國後被安排在中央特科是不是中蘇合作項目的一部分，僅從他被安排在中共的這個要害部門任職，就足以證明中共對他的重視，因為特科不是一般的中共組織，而是核心機要部門。

一九二七年十月，中共中央決定成立直屬中央的特工機構：特別行動科（俗稱特科），一九二七年十一月特科正式成立。此前中共中央政治局就有周恩來領導的「政治局特務工作處」，韓素音在《周恩來與他的世紀》中說，建立特科，反映出周性格的另一面，周恩來親自為特科規定了三大任務一不許。三大任務是：搞情報、懲處叛徒、執行各種特殊任務；一不許是不許在黨內互相偵查。據《蘇聯情報機構在中國》一書透露，中共「中央特科的任務是：與社會各階層中共產黨的同情者建立聯繫，同奸細和叛徒做鬥爭，監視秘密接頭地點。建立全國各級黨組織之間的聯繫。一九二八年，在莫斯科郊外召開的中共第六次代表大會，贊同建立特科，周恩來在這次代表大會上起了積極作用。」中共六大通過決議，依照蘇聯國家政治保安總局的模式，建立由向忠發、周恩來、顧順章等三位中央政治局委員組成的「反間諜委員會」，上述中共的情報機構都「盡可能同蘇聯情報機關進行合作」。

在中共六大上，周恩來進入政治局常委，一九二八年七月二十日，被任命為政治局常委會秘書長兼中共中央組織部部長，同時還被任命為特務機構（特科）的領導人。中央特科由四個科組成。第一科，即總部，實施總的領導，協調其他各科的工作，由周恩來直接指揮；第二科，搜集情報及向國民黨內部派遣臥底，由陳賡領導，著名的紅色潛伏者，如李克農、錢壯飛、胡底就是其中的佼佼者；第三科，負責地下組織領導的安保工作，所屬特務行動隊即赫赫有名的紅隊，俗稱打狗隊，專門對付叛徒、奸細和敵人的密探。一九二七年以後，國共兩黨在上海的一輪又一輪的暗殺戰中，紅隊以殺盡斬絕的鋤奸特色，使所有對手聞風喪膽。特科紅隊，由上海三次武裝起義中的優秀戰士所組成，負責人是中共政治局委員、曾任蘇聯顧問鮑羅廷的私人警衛、號稱神奇勇士「中國卡莫」的顧順章；第四科：負責傳遞情報，包括無線電通訊，領導人為吳鐵錚（即吳德峰）。一九二七年十二月，特科決定派出一批優秀黨員鑽進敵營臥底，這原屬第二科的工作範圍，周恩來和陳賡選派錢壯飛、李克農、胡底成功潛伏國民黨的最高特工機關，獵取了不少極有價值的核心機密。主流文化的紅色敘事中反覆宣揚的諜戰戰果：錢壯飛及時向黨中央報告顧順章叛變的情報，掩護了黨中央的有序撤退。就是這群紅色臥底的功勳。特科在上海租界中，也有不俗的表現。特科以每月五百元（法幣）的服務費賄賂了公共租界巡捕房政治處處長、美籍國際間諜羅斯的秘書葛巴華。同時，在法租界暗探中安插了兩名自己的臥底。因此，上海租界為中共地下組織提供的庇護的事例屢見不鮮。

當然，特科的主要聲譽還是來自約有四十多名成員的紅隊。這支紅色復仇隊，裝備精良，有手槍、催淚瓦斯、手榴彈、衝鋒槍、機關槍、轎車、摩托車和許多帶有假牌照的自行車。紅隊的建立，是對白色恐怖的回應。因為一九二七年國共分裂以後，許多中共黨員和親共人士被逮捕、殺害。中共黨員從一九二七年十一月五萬人縮減為一萬人，許多黨組織遭受毀滅性的破壞，其中絕大部分被捕人員向當局自首投降（據一九三三年秋至一九三四秋的資料顯示，中共被捕者四五〇五人中，約有四二一三人變節，占百分之九十四，甚至包括不少領導幹部在內，如臨時中央局三位常委之一的盧福坦（注9），中央政治局委員紅隊領導人顧順章、江蘇省委書記王雲程等）。為了遏制叛變逆流的蔓延，紅隊決定對一批造成極大危害的叛徒、奸細、密探判處死刑，白鑫、范爭波、何家興、何芝華等許多叛徒先後成為紅隊的鋤奸對象，由於紅色恐怖行動的示範效應，紅隊曾使那些做了虧心事的人談虎色變。（注10）

然而，紅色敘事在細數特科紅隊的顯赫戰果時，有關李士群在特科的工作績效卻鮮有記載，這是為什麼？據目擊者見證，這是因為初出茅廬的李士群來到群英薈萃的中央特科後，既沒有像第二科的錢壯飛那樣深入虎穴，冒死竊取機密情報，也沒有像第三科顧順章那樣帶領職業殺手們以手槍炸彈對付奸細叛徒，更沒有像第四科的吳鐵錚為中共和共產國際建立了四通八達的聯絡網。李士群初入特科，便安排在第一科，該科實質上是特科總部，堪稱要害中的要害，是對其他各科實施總領導的指揮機關。耳濡目染周恩來、李克農、顧順章這些身經百戰的前輩們的諜戰藝術和鋤奸效力，這是李士群步入職業特工生涯後最佳的實習基地。特科紅隊的操作模式、工作流程、人事結構、實戰經驗直到鋤奸暗殺的各種手法手段，使初來乍到的「實習生」李士群飽開眼福，日後，李士群之所以能得心應手地掌控汪偽政權龐大的特工機器，穩坐七十六號第一把交椅，很大程度上得益於當年在中共特科的經歷。可以這樣說，李士群是在中共特科渡過他作為職業間諜的實習階段的。特科的那一套頗具中國特色的特工文化結合蘇軍情報專業學校所灌輸的工具理性的職業規範，在紅色信仰的價值判斷基礎上，把這個野心勃勃的浙江青年打造成日後汪偽特工的第一號人物。

十三、國民黨調查科的「直屬情報員」
——假自首、真臥底的李士群

萬事開頭難，李士群的職業特工起步階段不算十分順利。一九二八年李士群到上海後，在參加中共地下工作的同時，以「蜀聞通訊社」記者的身份公開活動，不久為公共租界巡捕房逮捕，為避免巡捕房將他引渡移交給國民黨當局，李妻葉吉卿托人走通了上海青幫「通」字輩大佬季雲卿的門路，投了門生帖子，由季雲卿將他保釋出來。從此，李士群與上海幫會組織搭上了關係。那時，國民黨中央組織部調查科（注11）以上海為反共的主戰場，矛頭直指中共中央機關和特科紅隊。一九三二年，李士群被調查科逮捕，當李士群重新露面時，他又多了一個公開身份：《社會新聞》編輯。《社會新聞》由星光書局出版，書局位於上海公共租界白克路（現名鳳陽路）同春坊，刊物由國民黨CC派直接控制，李士群所以能在國民黨特工機構的文宣喉舌任職，那是因為他在獄中投靠了調查科後，已被任命為上海區直屬情報員，從中共中央特科搖身一變為國民黨特工機關的情報員，這是李士群特工生涯的另一個起點。大陸主流文化的民國敘事中，認定這是李士群「貪生怕死、自首變節」。然而，曾在李士群身邊隱蔽三年之久的陳彬卻有不同的詮釋。

據溫啟民先生回憶，陳彬認為，在中央特科工作的李士群，奉組織命令一直在尋找打進國民黨特工組織內部的機會。他的任務是長期隱蔽，而不是急功近利地打一槍換一地。不排除從被捕自首到順利出獄、再進入中統組織，這一系列流程都是中共特科事先設計好的橋段。這個劇本的演出背景就是如前所述的自首變節潮，當年正處於革命低潮，在百分之九十四以上被捕人員變節情況下，李士群藉被捕的機會實施假自首真潛伏的使命，是極有可能的。至於真正的編劇者到底是中共特科還是蘇軍總參謀部情報總局，也許並不是最重要的，最重要的是，這個劇本成功地找到了自己的觀眾——就是國民黨特工組織。陳彬認為，在當年大批共產黨員自首變節的時期，李士群歸順調查科的行為完全可以解讀為在集體變節中一個隨大流的個案。但在紅色價值觀的主導下，傳統敘事對李士群的歸順行為，除了痛斥之外，還會有別的評價嗎？不過在二〇一〇年六月出版的《汪偽「七十六號」特工總部》一書中，對李士群第二次被捕後自首變節的講述略有鬆動，詳情下文再敘。

因此，若把李士群一九三二年的改換門庭解讀為受組織派遣打入調查科內部也是有邏輯依據的。目前大陸流行的大部分文本由於堅持把李士群一九三二年被捕後趁機打入敵營的潛伏過程認定是投敵叛變，所以在講述李士群在調查科的表現時，時常出現不能自圓其說的矛盾。其中之一是，流行文本從來沒有敘說過李士群在中共特科的業績，相反，卻以大量篇幅講述了已成為調查科特工的李士群，奉中共組織之命，暗殺了調查科上海區區長史濟美（化名馬紹武），這個馬紹武一度是中共紅隊最兇惡最危險的敵人，曾給共產黨的地下組織造成非常嚴重的危害，特科急於要拔掉這眼中釘、肉中刺，苦於無從下手，於是把這艱巨任務交給李士群——據說這是為了考驗李士群對黨的忠誠度，頗有讓其自相殘殺、一箭雙雕的意思——想不到，在特科正式任職時，沒有過驚人之舉的李士群，竟然順利完成了暗殺任務，做了紅隊想做而做不到的事。

從流行文本對馬紹武的詳細描述中得知，這個調查科的上海區長，確實是中共的一個極危險的對手，馬紹武真名史濟美，畢業於黃埔軍校六期，一九三〇年進入國民黨中央黨務調查科，顧順章叛變後，國民黨訓練了一批專門對付共產黨的特務，史濟美便是其中最優秀的一個。一九三二年六月，史濟美到上海籌備成立調查科上海區，十一月被正式任命為上海區長，全面主持特務工作，以打擊共產黨的地下活動為工作目標。史濟美在公開場合以馬紹武的化名亮相，兼任國民黨中央黨部駐上海特派員，又以呂克勤的化名任上海警察局督查員。馬紹武為協調特務與上海警察部門的關係，用大量金錢籠絡了戴笠手下的上海警察局偵緝總隊特務股股長劉槐，作為他以後開展工作時的輔助力量。馬紹武仔細研究中共地下活動的規律，發現上海特殊的租界文化和遊戲規則已被中共充分利用，因國民黨當局無法直接到租界捕人，於是共產黨常常以租界為庇護所，所以馬紹武開始把反共的觸角直接伸進租界，在租界中物色了自己的內線，他以中央特派員的身份公開與巡捕房的探長們接觸，金錢賄賂、吃喝玩樂，無所不作，打通了進入租界抓人的非正式管道。一九三三年四月，馬紹武的手下破獲了中共江蘇省委的秘密機關。馬還向共產黨內部派遣臥底，一九三二年十二月，他憑藉臥底發來的信息，抓捕中共中央政治局委員、臨時中央局三位常委之一的盧福坦（一八九一～一九六一）。一九三三年三月一日，馬的特務秘密綁架了中共江蘇省委書記王雲程。

面對這個如此危險的敵人，共產黨沒有派紅隊裡那些身經百戰的殺手披掛上陣，卻把艱巨的任務交給了在特科紅隊時鮮有佳績的李士群，這樣的決策有點不可思議。更不可思議的是，幾乎所有文本中，有關馬案的說辭竟是一矛盾百出的荒唐戲說。一個公認的權威文本中這樣寫道：「李士群又利用舊關係，向共產黨表示忠貞，說他的投降只是為應付環境，不是真的叛變革命，或許深入虎穴，焉得虎子，反而對革命有利。共產黨組織為了考驗他，便讓他做一些制裁叛徒丁默村的準備工作。因為丁默村叛變革命後，出賣組織、出賣同志，造成很大的危害。李士群並不因為黨對他的信任幡然悔悟，忠誠地執行黨交給他的任務。相反，卻將此秘密向丁默村和盤托出，作為他加深與丁友誼的禮物。李士群與丁默村商議後，想出一個李代桃僵的辦法：殺馬紹武以代替丁默村。如果黨追查責任，李士群就說自己指認時並沒有錯，而是執行人弄錯了。一個晚上，馬紹武與公共租界巡捕房政治部督察長譚紹良，上海警察局特務股主任劉槐，以及丁默村等在廣西路小花園一家長三堂子（高等妓院）裡打牌、喝花酒後，醉眼朦朧，與丁默村兩人踉踉蹌蹌地踱將出來。這時，和丁默村事前約好潛伏在外面已久的李士群，暗暗對馬紹武肩上一拍，便有人向馬開槍，馬應聲倒地，丁默村拔腿飛奔（注12）」。

上述有關「刺馬案」的敘述，有似電視劇中的胡編戲說，在高明的讀者面前，自然無需再浪費筆墨、逐一剖析。倒是，王應錚前輩在回憶陳彬過程中，所涉及的有關講述，頗能發人深思，他說：「進入中統後，共產黨組織還分配給李士群暗殺任務，李士群又順利地完成了這個艱巨任務，至於刺馬案的實施，成功的關鍵正在於李士群等從調查科內部準確地掌握了馬紹武的行動規律，所以才能在馬毫無防備的情況下穩、準、狠地給其致命一擊。對馬行蹤的秘密追蹤，也許紅隊的人辦不到，但作為臥底調查科內部的李士群可以做到。」主流文本口口聲聲痛斥李士群背叛革命，但他背叛後對共產黨造成了哪些損害卻隻字未提。我們所見到的倒是他為共產黨立下一系列的戰功，如果與抗戰中向潘漢年遞送機密情報、為新四軍提供武器彈藥糧食相比，抗戰前的刺馬案不過是牛刀小試而已。所以，王前輩的結論是，「被大陸文本渲染地沸沸揚揚的所謂李士群自首變節，不過是一齣假自首真臥底的諜中諜好戲（注13）。」

十四、臥底露出破綻被捕入獄——葉吉卿捨身救夫性賄賂成功

馬紹武被刺案件給國民黨特工機構造成重大損失，高層十分震怒。南京的調查科本部電令上海區限期破案。經過周密偵查，李士群和丁默村合謀的雙簧戲露出了破綻，不久，李士群、丁默村作為重要嫌疑人被拘留審查。丁默村被關在上海CC的特務機構裡，後經他的好友CC高級幹部、上海市社會局局長吳醒亞保釋。李士群沒有靠山，無人替他說話，被押到南京，先關在瞻園路的調查科的特工總部。經總部機要科長顧建中、情報科長徐兆麟會審後，由偵查股長馬嘯天把李士群帶到走馬巷的偵查股辦事處看押。此時此刻，當年蘇軍總參謀部情報總局間諜學校所傳授給李士群的全套反審訊課程，經受了一次血肉橫飛的實戰考驗，國民黨方面基本認定李士群就是兇犯。面對這個刺馬案的主犯，仇人相見、分外眼紅，審訊者毫不手軟地搬出皮鞭、老虎凳、電刑、辣椒水等全套家當，把李士群整得死去活來。李士群就是口喊冤枉、死不認賬。也許是信仰價值戰勝了一切，他終於挺了過來。若干年後，只要提起往事，李士群對當年刑訊室裡的皮肉之苦仍然耿耿於懷。

陳彬曾對溫前輩講述過他與李士群的一次對話，大概是從追捕中統上海區長徐兆麟引出的話頭，因為就是這個徐兆麟當年用毒刑伺候過李，在場的人有吹捧李在獄中即使受盡折磨也不屈打成招，喻之為是做大事、成大氣候的大材料。李卻不經意地苦笑道，「那是要償命的人命案，你若承認，不就坐實了兇手名分？死路一條！那幫心狠手辣的人，為了給馬紹武報仇，肯定也不會讓兇手死得痛快，會用一切殘酷的刑罰把人折磨到咽氣為止。我不認賬，當然要受皮肉之苦，大不了也是一死，那時橫下一條心，反正是個死字，只好聽天由命。」

有一個秘密，在所有文本中都無記載，李士群也沒有直接挑明：那就是李之所以胸有成竹，是因為他知道既然執行了組織交付的任務，組織是不會輕易拋棄他的。而且，組織上費九牛二虎之力好容易才把鼴鼠埋進敵人的心臟，如不及時營救，豈不前功盡棄。因此，等待組織救援是唯一的明智選擇。果然不出所料，當李在嚴刑拷打下死不招供的同時，外面的營救工作也緊鑼密鼓地進行著。組織上把大量金錢珠寶首飾交給李妻葉吉卿，葉在調查科上海區偵查股長的陪同下，來到南京，把珠寶首飾分送給南京的偵查股長馬嘯天、行動股長蘇成德、刑審官顧建中、徐兆麟等人，要他們對李士群多加關照。這一手還真對症下藥，抓住了貪財好色的人性弱點。葉吉卿一路斬獲累累。首先，蘇成德與李士群原本就是蘇軍間諜學校裡的同門師兄弟，蘇成德與馬嘯天一起受賄後，立即對李士群另眼相看。而顧建中、徐兆麟受賄後，也一改大刑伺候李士群時，那副兇神惡煞的嘴臉，乾脆幫助葉吉卿引見了國民黨中央黨部組織部調查科科長徐恩曾，這就找到了一把開鎖的萬能鑰匙。因為徐是ＣＣ頭目陳立夫、陳果夫的紅人，在刺馬案的審理中，徐握著生殺大權。但這個徐科長有個致命弱點，就是好色。葉吉卿雖非千嬌百媚，但也頗有幾分姿色，不惜投其所好，施展美人計，一個色誘，一個色鬼，兩方各有所求，也各取所取，於是一拍即合。徐恩曾接受了葉吉卿的性賄賂以後（注14），震動各方的刺馬案便逐步降溫，大事化小、小事化了，最後不了了之（注15）。不久，李士群出獄，又重返調查科特工系統，先在南京區偵查股馬嘯天那裡當偵查員，一九三三年底，又被派到「留俄學生招待所」當副主任兼「留俄同學會」理事。

有的文本把刺馬案的被淡化完全歸功於「葉吉卿的努力」（注16），這樣的解讀實在是誇大了葉吉卿的能量，李案的化險為夷，表面看來似乎是金錢美色的魔力，點準了人性弱點的死穴，實際上這應歸功於李士群身後的威力無比的「組織」，試想，若沒有組織的金援，憑葉吉卿的財力，哪怕砸鍋賣鐵也難填特工們貪欲的深淵。馬嘯天等親歷者反覆口述的範圍僅局限於對賄賂過程的表象敘述（注17）。那麼，在表象下面深水區裡的真相又究竟如何呢？就在此文本定稿之際，筆者從一可靠信息源獲悉：二十多年前，一家有影響的刊物發表了記敘「七十六號」三條美女蛇的文章。該文刊出後，北京某界某人士給編輯部「打招呼」：「葉吉卿是打入敵營的潛伏者，今後不可再以美女蛇等貶義詞醜化她……」由於事關保密原則，只能點到這裡為止。但僅此一語，足以使所有的有心人茅塞頓開：零碎的證據鏈和不完整的邏輯鏈，都能從這裡得到合理的詮釋——解題的密碼不是已經暗示出來了嗎？所以切莫讓流行文本所渲染的性賄賂之類的娛樂化解讀，掩蓋了革命組織的無比威力！而當下流行文本的整個敘事，只有開場高潮而沒有收場結尾，是一齣有頭無尾懸念戲。捉放李士群的事件，疑點重重，懸念迭出，這本是一個有縱深拓展潛力的切入口，但卻被世俗的窺視慾所淡化了。

有人說，李士群身為調查科上海區直屬情報員，卻執行中共特科紅隊的暗殺令，是個雙面間諜，其實何止雙面，因為凡是加入蘇軍參謀總部情報總局的外籍間諜，他的效忠歸屬首先是蘇聯。據《蘇聯情報機關在中國》一書揭秘：一九二五年八月十四日召開了蘇軍情報總局、國家政治保衛安全總局對外部、外交人民委員會和共產國際代表的聯席會議。比亞特尼茨基、別爾津、洛吉諾夫都參加了會議，會議協調了各國情報員與當地共產黨的組織關係，會議決定讓情報工作從蘇聯駐各國大使館中分離出來，「減少通過各地共產黨進行的特種勤務工作……如果共產黨員改作情報工作，那麼這些黨員務必先退出所在的共產黨組織，會議還通過一項決議，這種人員的名單只編製一份。」（注18）如果上述會議決定到三〇年代仍然有效，那麼根據這個決議精神，李士群一九二八年進入蘇軍情報總局後，必須退出中共組織。但從李回國後參加中共中央特科活動，而且直到一九三三年還接受紅隊下達的暗殺任務等一些列活動來看，或者是中共和李士群沒有嚴格遵守一九二五年八月十四日的會議決議的精神，或者是在以後的諜戰實踐中，有關「這些黨員務必先退出所在的共產黨組織」的原則有所變通和調整，也有可能鑒於蘇諜系統和中共特工系統在意識形態上的一致性，促使李士群回國後同時服務於中蘇兩黨。鑒於蘇軍情報總局嚴格的保密規定，李士群應該不會把自己參加蘇諜機構的內情向中共彙報。所以，中共特科只瞭解留蘇前的那個李士群，而被招募為蘇軍間諜的「這一個」李士群所知甚少。至於國民黨方面，對李的瞭解更加隔膜，調查科對李的審查僅局限於他們的已知範圍，即中共特科的那個李士群。李始終沒有向國民黨洩露自己的蘇諜身份，所以在「自首潮」中，他僅僅作為幾萬名中共變節者中的一員，順利地過了自首關。按（蘇諜或中共）組織的指示，混進了調查科，潛伏下來，執行蘇聯間諜機關下達的任務。簡而言之，在國民黨面前，李士群暴露的只是他中共特科的身份，而他那更隱秘的蘇軍間諜的身份，被嚴密地雪藏起來了。在以後的諜戰生涯中，效忠於蘇諜機構的多面間諜李士群，在紅色信仰的支撐下，出色地發揮了自己的鼴鼠功能。

十五、國際間諜戰新一輪大博弈
——李士群成功滲透日諜機構

如果把李士群三十八年的生平劃分為幾個階段的話，那麼，一九三三年被捕到抗日戰爭爆發的一九三七年，是李的低谷期。出獄後的李，雖然仍在調查科系統任職，但職務已經有所變動。低谷中的李士群，他的低調、不露聲色，正是那些以長期潛伏為目的的鼴鼠們韜光養晦時的慣用戰術。正當蟄伏期的李士群為迎接新一輪的諜戰而養精蓄銳之際，中日戰爭全面爆發，又把他推到了風口浪尖。從一九三七年到一九四三年，短短五、六年時間，李士群顯示出非常的爆發力，把職業的特工的功能和效力發揮到極致，創造了一年之內從小小中尉飛躍為特工部長的奇跡。在細數他的爆發經歷前，必須交代產生這個奇跡的錯綜複雜的時代背景。三、四十年代，蘇、日、英、美等列強，為各自的國家利益劍拔弩張，國共兩黨鬥得你死我活，中蘇的矛盾、中日的矛盾、蘇日的矛盾、日美的矛盾糾結在一起，難分難解。七七事變使所有矛盾或緩解或激化，敵、我、友重新排列組合，打進去、拉出來，互相滲透；你中有我，我中有你；血腥殺戮，美女色誘、金銀賄賂，幕後交易，叛國投敵、賣國求榮……一齣又一齣的陰謀戲、暗戰戲在這亂世中，像走馬燈似不停地上演著。亂世出梟雄，用無數懸念堆砌起來的李士群，就是這亂世的梟雄。

一九三七年底，南京淪陷前夕，李士群、石林森、夏仲高等三人奉命潛伏，住在南京中央路大樹根七十六號，三人雇傭了兩個二十歲左右的女傭。不久，李士群就和其中的一個名叫關碧玉的台灣籍女傭有了私情並進一步同居。豈知這個關碧玉正是日本特工機關派出的色情誘餌，關碧玉受命於日本參謀本部中國課課長影佐禎昭。原來，日本特務機構在積極策劃建立親日政權的同時，密謀籌建為親日政府保駕護航的特務組織。日方的策略是與其另起爐灶，不如借雞生蛋，從國民黨特工系統中拉出一批骨幹分子，為日本侵華政策服務，可駕輕就熟、事半功倍。因此，早在南京淪陷前，就派遣關碧玉等美女間諜伺機以色誘為突破口，策反國府方面的官員和特工，這是流行版本之一。於是，女間諜以肉體來消解對方戰士忠誠性的古老傳奇，又一次在李士群身上被複製。各種文本對於色誘李的日本女間諜的姓名、身份、幕後指使人等等眾說紛紜、差異頗大，甚至連川島芳子也被扯了進去。但有一點卻是眾口一詞的，那就是日本女間諜在事件中的參與元素有重要作用。版本之二，根據最新資料，遠東的王牌間諜、蘇聯英雄「捷列金」（日文名字武田毅雄）的在場作用不可忽視。一九三七年底，李士群等三人住在南京大樹根七十六號時，「小林關子」受日本參謀部蘇俄課課長武田毅雄大佐的派遣秘密從天津進入南京中華門內板橋火車站做職員。一邊搜集情報，一邊靠近李士群，與受「梅機關長影佐禎昭指派的中村金子不期而遇，他們聯合起來共同策反李士群」，有意思的是，他們為策反而煞費心機，甚至不惜付出色相時，蘇諜機關也正在絞盡腦汁，策劃李士群向日方諜報機構滲透。所以李士群將計就計，順水推舟。更有意思的是，這位武田大佐與李士群竟是同門師兄弟，他們先後由蘇諜將軍謝苗・彼德羅維奇・烏里茨基訓練並發展為蘇軍間諜。如今蘇軍情報總局通過武田毅雄接通了與李士群的聯繫，喚醒了這隻沉睡多年的鼴鼠。正是由於這一對師兄弟裡應外合地呼應，李士群才順利鑽入日方諜報系統。

在求同存異的原則下，自然也不必對不同版本之間相異的部分浪費筆墨去作繁瑣的考證。總之，把李士群投日，歸之於女特務策反的業績，則過於膚淺了。實際上，七七事變後，日本蘇聯等各方都把向對方諜報機構深度滲透作為重要的戰術目標之一，日本派女諜拉攏策反中方有價值人士的同時，蘇軍總參謀部情報總局也正密令李士群等直屬情報員開足馬力全方位地尋找滲透日方的切入口。誰知，踏破鐵鞋無處覓，得來全不費工夫，影佐禎昭派出的美女送上門來。可以說，當影佐自以為得計的時候，正是李士群滲透日方的起步之日。後來，李在汪偽政權中的飆升，這位影佐也著實出過不少力，這是後話，暫且不提。

為適應戰時體制的特殊環境，一九三八年，蔣介石按陳立夫意見，對全國特工系統做了一次大調整，把原來的國民黨中央黨部組織部調查科第一處擴充為國民黨中央執行委員會調查統計局（簡稱『中統』），原來的第二處擴充為國民政府軍事委員會調查統計局（簡稱『軍統』），一九三八年秋，中統正式掛牌成立，並由中央黨部秘書處秘書長朱家驊兼任局長，徐恩曾擔任副局長。隨著國府特工機構的變動，李士群等一行也到漢口履行新的職務。中統局臨時辦事處暫設在國民黨平漢鐵路特別黨部在黃陂路的機關內，李就在黃陂路辦公。一九三八年秋，原任國民黨株萍鐵路特別黨部特務室主任甘青山調任為國民黨浙贛鐵路特別黨部特務室主任，遺缺便落到了李士群身上。赴新任前，李士群領到一筆特務經費和路費，李看準了這是一個「跳槽」的佳機。他謹慎地繞開中統在廣州一帶佈置的耳目，不敢走粵漢路直達廣州後進入香港的捷徑，而是繞道廣西、雲南經河內從越南兜一個大圈子再到香港。李到港後，見到日本駐港總領事中村豐一。中村認為李在香港人、地生疏，難以發揮作用，便把他介紹給在上海的日本大使館書記官清水董三。李到上海見過清水後，便開始為日本大使館搞情報，用流行文本的話來說，「由共產黨叛徒變為中統的李士群，再變為日本侵略者的鷹犬、叛變投敵的漢奸。（注19）」但在蘇軍總參謀部情報總局的辦公室裡，謝苗・彼德羅維奇・烏里茨基將軍卻舉杯遙祝他的愛徒李士群滲透日諜機構的潛伏工程初戰告捷。

十六、從中尉飆升到部長的秘密——蘇諜武田毅雄李士群裡應外合

在主流文化和民間層面諸多的抗戰敘事中，有一個毋庸爭辯的共識：影佐禎昭在李士群的火箭型的崛起中，至關重要。影佐禎昭，時任「梅」機關長。為配合侵華戰爭，日本「支那派遣軍總司令部參謀部」之下，設置了「梅」「蘭」「松」「竹」四個特務機關，分別對口中國華中、華南、華北、西北四個地區，進行特務活動。其中，以「梅」機關活動時間最長，活動範圍最廣，實力最強。「竹」機關於一九四三年併入「梅」機關，「蘭」機關、「松」機關在日本投降前，已先後撤銷。「梅」機關初設於上海北四川路永樂坊內，對外公開番號為「支那派遣軍總司令部梅機關」。一九四〇年三月三十日，汪偽政權成立後，改稱「國民政府軍事顧問部」，遷至南京鼓樓大倉街。同時在上海、南京、杭州、蘇州，分設四個「梅」機關分機關，以及第一工作委員會（即國際問題研究所）、第二工作委員會、東南貿易公司、海通貿易公司等附屬機構。「梅」機關設機關長、參謀長、副官長、以及陸軍、海軍、特務、憲兵、警察、警衛、財政等各部門，機關長先後由影佐禎昭（中將）、松井太九郎（中將）、柴山兼四郎（中將）、朱崎堪什（少將）、淺海（少將）等擔任，其中影佐禎昭擔任機關長時間最長，聲望最大的監護者。影佐的主要績效就是策劃汪精衛的叛逃，籌劃南京汪偽政權的成立，是汪偽政權的監護者，為扶植汪上馬，影佐制定「以特助汪、以特製汪」的方針。影佐之所以特別提攜李士群，就是因為他要靠李士群來執行這一「以特助汪、以特製汪」的策略。流行文本異口同聲所列舉的影佐禎昭和晴氣慶胤對李士群全方位的支援，基本符合實情。這兩人對李所做的一切，不過是浮出水面的冰山一

角，而潛藏在深水區的整座冰山的全貌，未見有人去刨根問底，特別是，所有文本都忽略了一個關鍵人物的存在，他就是武田毅雄。

當年，李士群從零起點籌建七十六號特工總部，從赤手空拳，連一支破槍也沒有，到一躍而成特工總部的第一號大頭目，每一個關節點上，都離不開武田毅雄明的或暗的鼎力相助。所以說，表面上看來是梅機關的影佐、晴氣出手公開挺李，實際上在每一個遇到瓶頸的時刻，都顯現出隱藏在深水區的武田的臨門一腳的關鍵作用。據最新資料證實，武田毅雄通過各種不同渠道為李士群護航、扶李上馬。比如當影佐的「以特助汪」的策略剛一出台，就得到武田的全力支持。在實施該策略之初，土肥原曾為資源問題發愁，這時，身居日本華中派遣軍司令部副參謀長兼中國課課長的武田大佐雪中送炭，主動同意在人員和財政上支持土肥原，每月從日軍參謀本部領取三十萬日元的經費，還調撥手槍五百支，子彈五萬發，炸藥五百公斤，為影佐正式啟動扶助李士群的工程創造了有利的工作空間。又如，武田還把自己的得力助手晴氣慶胤少佐派調給土肥原和影佐禎昭。從此以後，晴氣專門負責七十六號特工總部，成為李士群的頂頭上司。日後，晴氣毫無保留地支持李士群，甚至被人稱視為是李的保護神。在一九四〇年三月間，李士群成功地取代原特工總部第一把手丁默村，而成為三月三十日成立的汪偽政權的特工系統總頭目。武田毅雄不動聲色，但絕對有效地在這裡起了決定性作用。比如，李士群對付丁默村時手中握有一張王牌：那就是一九三九年十二月中旬，日本陸軍參謀本部和李士群在東京簽訂的一份「秘密協議」，作為對李效忠日方的回報，協議裡日方也對李作了若干承諾和保證，李士群在不洩露協議細節的前提下，多次故意宣揚這份協議的存在，因此，這份協議無形中就成了他擊敗競爭對手的尚方寶劍，同時又是保護自己的護身符。而「秘密協議」的出台，正是武田毅雄暗中出點子使勁。那時武田「碰巧」也在東京，而且十分強調這份協議的必要性。武田毅雄是日本對華諜報工作決策層面的負責人之一，而他的真實身份是蘇軍總參謀部情報總局上校情報員，俄文名字為「伊凡·彼得洛申科·安德烈」。

一九六四年，著名蘇諜佐爾格被授予「蘇聯英雄」稱號，同時被追授這一光榮稱號的就是當年的武田毅雄。武田毅雄是一個身份複雜的多面間諜，他既是蘇軍情報總局的戰略情報員，又是蘇聯的另一情報機關共產國際遠東局的情報員，同時又是中國共產黨員、任中共中央社會部特別情報員。正是這種特殊的跨國背景，使某些秘密還不便於進入公共空間的大眾視線。所以，對武田毅雄授動的詳情，官方沒有正式宣佈。實際上，代號「影子」的武田及其所領導的「捷列金」小組，在日軍核心部門戰鬥了十四個春秋，在挫敗針對史達林的兩次暗殺行動：「獵熊計劃」和「鮮花行動」中，武田果斷出擊，建立奇功。為世界反法西斯戰爭的勝利作出了不朽的貢獻。可以說，其業績大大超過佐爾格，之所以宣傳佐爾格，是因為他的事蹟在國際上特別是在西方已取得顯著的宣傳效果，而「捷列金」就像一個影子，世人所知甚少。像影子一樣的武田毅雄，一九〇四年四月二十八日生於中國遼寧旅順，中日混血兒，父親中國人、母親日本人，原名王毅雄，一九一五年，全家遷入日本岩手縣定居，一九二五年父親去世後，其母改嫁給一個叫武田弘一的醫生，從此改名武田毅雄；一九三四年十一月三日，時任日本陸軍省參謀部參謀的武田毅雄中佐出任日本駐蘇聯大使館副武官。十一月二十八日，武田隨日本駐蘇大使、武官們出席蘇聯政府舉行的一個酒會，邂逅了中共駐共產國際的成員張浩（林彪的堂兄林育英），張浩的魅力吸引了武田這個涉世未深的日本軍人，在老謀深算的共產黨人的意識形態宣傳下，成為紅色理想的追求者。一九三五年二月一日，在張浩介紹下，加入中國共產黨，從此邁出了他的紅色間諜之旅。一九三五年九月，張浩回國，同年十二月，中共駐共產國際代表李立三，把武田引薦給蘇聯情報部門首長謝苗・彼德羅維奇・烏里茨基將軍，經過三個多小時長談，武田毅雄義無反顧地同意為蘇聯情報機關工作，立志為蘇聯的世界革命理想而獻身。之後，烏里茨基將軍安排武田秘密地到蘇軍情報總局下設的亞洲情報學校接受特工訓練，並參加蘇聯共產黨，成為具有雙重黨籍的蘇軍情報總局東方處的日籍情報員，俄文姓名是『伊萬・彼得洛申克・安德烈』。這世界真小，八年前的一九二八年，正是同一位烏里茨基將軍把李士群招募為蘇軍情報員，武田從烏里茨基將軍口中第一次聽說了師兄李士群的名字，並牢記住了這個名字。歷史的偶然巧合有時會使個人的命運變化莫測，如果武田不被派往莫斯科，如果他沒有遇上張浩，也許他會成為侵華日軍中的一名軍官，忠誠地執行屠殺中國人的命令；但如果李士群沒有遇見這位神秘莫測的同門師弟，李士群會以火箭式的速度從中尉搖身一變為部長嗎？

十七、蘇方遠東戰略的重要部署

——李士群投日打蔣

二十世紀六〇年代，中蘇關係曾到了水火不容的程度，但在三〇、四〇年代兩黨都有共同的革命理想和革命目標。意識形態的共性，導致兩黨間諜資源的共享，這曾是當年的常態。所以即使中共還要對李士群繼續考驗下去，作為蘇諜的李士群仍對中共保持著兄弟般的友誼。也許，為了避免背上美化漢奸的黑鍋，流行文本對此都故意視而不見。對李士群這個罪惡的名字往往避之猶恐不及，根本不願再客觀地回憶與之有關的往事。當然也有個別敢說真話的，如丁言昭的《關露傳》（上海文化出版社二〇〇九年十月版）一書中透露了關露的妹妹胡繡楓講述李士群營救他丈夫李劍華的經過

關露、胡繡楓姐妹倆是如何認識李士群的呢？這裡面還真有不少的曲折呢。一九八九年十月八日下午，筆者去拜訪了胡繡楓，在上海鎮寧路一棟僻靜的住宅裡，這位年逾七旬的老人向我道出了塵封了半個多世紀的一段往事。

一九三三年，胡繡楓的愛人李劍華在大學裡教書，由於他經常向學生講一些進步的道理，又主辦著抗日的進步刊物，引起了地方當局的注意。十二月二十五日他被逮捕。同時被捕的還有馬子華、周德（周而復）、鄧初民的女兒鄧曼青、女婿王伯達（王伯倫）以及上海八所大學的師生八十餘人。他們被送到龍華警備司令部，關在一座大磚房裡，鐵窗外面便是刑場……

從李劍華被捕起，胡繡楓就開始了營救丈夫的活動，她先去找大律師沈鈞儒尋求幫助，沈鈞儒與她住在一條弄堂裡，他一方面安慰胡繡楓，一方面囑咐她買好必要的生活用品去探監，甚至於鋪蓋，沈鈞儒可以直接幫她帶給李劍華。這期間，沈鈞儒去找了自己的學生陶百川，陶百川那時在南京國民政府內任職，心想他也許能幫上忙，但陶百川對這件事似乎不太起勁，一段時間過去，沒見他有什麼動作。

於此同時，胡繡楓也叩開了弄堂裡的另一扇家門，那裡住著一位先生，叫朱啟華，他很能寫文章，經常給報紙投稿，因此認識的人多，各方面的關係也熟。

是朱太太開的門：「哎喲，是李太太啊！進來呀，你臉色不太好，是不是身體不舒服？」胡繡楓心事重重地說：「我先生被抓了。」

「這可怎麼辦啊？」

「所以，我就想到了朱先生，他認識的人多，看看能不能托人想想辦法。」

「朱先生是沒辦法的，不過這位李先生又辦法，你找他吧。」朱太太指著坐在角落裡的一個男青年說。

胡繡楓這時才注意到房間裡還有位陌生人，剛才因為著急，居然沒有看到他。

胡繡楓連忙與那人打招呼。那人說：「沒關係，沒關係。」說著拿出一張名片給胡繡楓，上面寫著：「李士群」，在《社會新聞》工作。《社會新聞》是CC（由陳果夫、陳立夫兄弟倆領導的國民黨派系，中統前身）的刊物，大家都叫它「造謠新聞」。要是在平時，胡繡楓肯定不會理他的，可是在這非常時刻，實在是走投無路，只能請李士群幫忙了。

由於這次抓的人很多，當局人手不夠，於是到外邊借了些人進行審訊。恰巧審李劍華的那個法官，是從《社會新聞》編輯部借去的，李士群同他很熟，便對他說：「李劍華怎麼可能是共產黨呢？」勸那人將大事化小、小事化了。後來又經過一些朋友的幫忙，李劍華才被釋放回家。李劍華走出龍華警備司令部，立即與胡繡楓去南京……

這是胡繡楓與李士群的第一次交往，可以說在營救李劍華的事情上，李士群幫了忙。

可惜，像《關露傳》那樣讓親歷者本人以還原細節真實的方式，來講述李士群行狀的文本實在罕見。也有的文本在發掘到類似的資訊時忽略了對細節的還原，只是籠統地一筆帶過：「因李士群被捕後沒有出賣組織和同志，故而中共還與他保留一定聯繫。李士群為了表現自己，參與過營救左翼文化界人士，也曾為中共地下黨黨員通風報信，使其免被國民黨逮捕。」（注20）至於這個被保持著的「聯繫」延續了多久？「聯繫」的層級又如何？至今尚無解密！流行文本迴避的事實不僅於此，細心的受眾也許早已注意到，被一致公認為殺人不眨眼的劊子手李士群，確實血債累累。他殺國民黨軍統，殺國民黨中統，殺無辜的中國人，可是從來沒殺過共產黨人，有誰能指證他殺過共產黨員？以一九三九年十二月為例，據「丁默村第十三次工作報告」透露：當月七十六號關押的一百一十六人中，沒有一個是以共產黨的罪名抓進來的，而處決的九個人中除一人為強姦犯外，餘者軍統五人（周希良、余延智、詹森、王祥生，再加上以軍統身份被捕的共產黨員徐阿梅）；中統一人（朱承我）；三青團二人（趙子柏、趙炳生），沒有人因共產黨罪名被殺。

可以肯定李士群的屠刀有明確的取向，他的屠刀是有選擇性的——他之所以刻意保護共產黨人，是因為蘇方預見到：在戰後遠東地緣政治的新格局中，國共雙方必然為奪權而拼死搏鬥，因此給李士群下達了助共打蔣的指令。李士群在這出遠東陰謀戲裡，認真地扮演著蘇方分配給他的角色。

然而李士群不殺共產黨人，不等於七十六號特工總部不殺共產黨，坊間反覆舉證的事例，就是一九三九年十二月十二日優秀女共產黨員茅麗英遇刺事件。茅麗英，浙江杭州人，家境貧寒，但發奮學習、努力向上，考入上海江海關當打字員。上海淪陷後，茅擔任職業婦女俱樂部主席，按共產黨指示發起「物品慈善義賣會」，救濟難民，為新四軍募集寒衣、藥品，積極從事各項抗日活動，為汪日特工們所忌。敵人先在報上公開進行恐嚇，並投寄附有子彈的恐嚇信，茅麗英當即回應，「為義賣而生，為義賣而死。」她大義凜然，繼續堅持抗日鬥爭。於是，七十六號特工總部第一號頭目丁默村親自謀劃了對茅麗英的暗殺：一九三九年十二月十二日，丁默村派七十六號行動總隊長林之江率領特務打手多人，埋伏在南京路四川路的職業婦女俱樂部附近。晚七時許，當茅麗英走出俱樂部時，刺客開槍，擊中茅腹部，隨即被送至附近山東路的仁濟醫院，取出彈頭。第二天，上海各報刊登了茅麗英遇刺及救治情況，人們以為，已取出彈頭應無生命危險。七十六號魔頭丁默村看到報紙，當即質問殺手林之江，「你是神槍手，怎麼未中要害。」林答，「必死無疑。」原來這個劊子手用的是左輪手槍，所配備的鉛彈頭經再加工，將彈頭劃開一個十字形，再浸入大蒜汁內，其毒無比。彈頭進入人體受熱以後起化學作用，所以被害人是絕無生望的。隔了兩天，茅麗英不治而亡，激起上海以致全國人民對兇手的痛恨。參加弔唁茅麗英的有幾十個團體、二、三千人，是對敵人的一次大示威。毫無疑問，這筆血債當然記在日汪賬上，具體的執行者七十六號更是眾矢之的。然而，當丁默村因暗殺得手而向日方請功領賞時，李士群卻大發雷霆。

因為，這次刺茅行動，李士群事先並不知情，而是丁默村趁李士群不在上海之際，速戰速決，暗害了這位抗日志士。丁默村所以要這樣做，是由於他從李士群的屠刀指向的選擇性上，洞察了李和共產黨之間的玄妙關係。平時，李士群坐鎮七十六號時，對共產黨的保護實在到位，以致不僅他本人甚至整個七十六號不沾共產黨的血。這次，丁默村看準了李士群不在上海的機會，趁機要讓七十六號破戒。從丁默村選擇作案時機這一點上，顯露出丁對共產黨的仇恨及其為人的陰險毒辣。李士群拿著與日本人簽訂的秘密協定興沖沖地回到上海，正趕上因茅案引發的強烈反彈，李追悔和自責沒有保護好茅麗英的安全，同時也對丁默村的心狠手辣怒不可遏。

被茅案激怒的豈止李士群，軍統也決定以血還血。十二月二十二日，即茅案發生後的第十天，住在法租界馬浪路（今馬當路）華北公寓的吳木蘭被軍統鋤奸組暗殺。吳木蘭，江西南昌人，早年參加同盟會，這次來滬是想同汪精衛夫人陳璧君接頭，打算在婦女界成立「婦女和平會」為南京汪政權服務，他是婦女界被刺身亡的女漢奸第一人。十二月二十一日，由中統上海站長陳彬指揮的鋤奸小組，在西伯利亞皮貨店門口行刺丁默村，可惜功敗垂成，鄭蘋如烈士不幸遇難。但九天前策劃刺茅行動的丁默村已被嚇得膽戰心驚。若把陳彬、鄭蘋如的鋤奸行動解讀為中統為茅麗英復仇，實在有點牽強附會，因為兩者並無直接的因果關係。早在茅案之前，中統就已密令上海站執行對丁的制裁令。西伯利亞皮貨店門口的槍聲在茅案之後第九天響起，純屬巧合。但刺丁行動實施過程中的一波三折，倒顯現出李士群元素的參與，從中窺見這隻紅色鼴鼠對信仰的忠誠度以及間諜文化的詭異。事情還得從軍統幹將熊劍東的被捕說起：一九三九年三月七日，時任國民政府軍事委員會別動軍淞滬特遣隊隊長兼忠義救國軍太、昆、松、青、常、嘉六縣游擊司令的熊劍東，被七十六號抓獲，熊妻唐逸君病急亂投醫，到處托關係走門路，不惜重金行賄，八、九個月過去了，金條用去一大包，熊劍東卻仍被關在七十六號。熊妻懷疑中間人騙錢，就直接找到七十六號的實權派李士群，把以往托過的人（包括張瑞京、鄭蘋如、丁默村、周佛海等）以及他們的承諾一一和盤托出。李士群當即表示，他是有肩膀的（即上海話有擔當的意思），但你得照我說的去做。於是，李士群趁機設計了誘捕國民黨地下人員的一個陷阱，目標鎖定中統上海區副區長張瑞京。李士群讓唐逸君約張瑞京赴宴，張不知是圈套，如約來到錦江飯店北樓內的一家酒店。李士群還派了丁金海、劉振才兩個便衣特務埋伏在附近。唐按李士群的指示給張瑞京下了麻藥，張被麻倒後，丁、劉兩人迅速將他架進汽車，直駛七十六號關押。這樣，在十二月十二日晚上，七十六號在租界地區同時實施了兩項任務，一是在南京路四川路的公共租界暗殺了茅麗英，一是在法租界用麻藥迷倒了張瑞京。前者由丁默村指揮、林之江帶人執行，後者由李士群謀劃後，李自己去了東京，而由丁金海、劉振才行動小組實施。張瑞京到案不久，李士群也回到上海，親自審訊，軟硬兼施，沒費多大勁，張瑞京就把所掌握的組織機密如實招供。身為中統上海區副區長，名義上是陳彬的助手，對於重慶下達的制裁令及陳彬的實施計劃自然知情，他不僅供出了鄭蘋如的臥底身份，而且還把鋤奸行動的細節也毫無保留地交代出來。按說，李士群對刺丁行動已瞭如指掌，完全可以藉機一網打盡，但李卻不動聲色，只派人到西伯利亞皮貨店的現場暗中監視，既不下令搜捕鋤奸小組，又不通知丁默村小心防備。很明顯，李士群要借刀殺人，藉中統的子彈來取丁默村的性命。當下的抗戰敘事中，在講述李士群的鋤丁動機時，幾乎都歸之於內部的爭權奪利，當然，不能排除李士群有藉機消滅競爭者的想法，但更深層次的原因是，兩人在效忠取向和意識形態信仰上的差異：丁在叛共之後，死心塌地為國民黨服務，叛蔣投日後，又盡力為日汪服務，因此，丁的堅決的反共立場與李士群「投日反蔣助蘇」的立場有很大區別。丁默村趁李士群不在上海，對共產黨人茅麗英下毒手這件事，不僅使丁、李衝突激化，也使李士群的同門師兄弟武田毅雄意識到，丁堅定的反共立場會危及紅色鼴鼠李士群在七十六號所執行的秘密使命，於是，打擊丁默村，就變成李士群和武田毅雄的共識。所以日後在丁李的爭鬥中，武田毅雄對李士群的傾力暗助，成為李勝出的重要外因。當中統張瑞京交代出陳彬及其刺丁小組的行動計劃時，李士群自然喜出望外，因為，倘若鋤丁成功，近則可為茅麗英報仇，遠則可以使其藉七十六號來完成蘇軍情報局的任務時，沒有後顧之憂（注21）。

總之，不論出自什麼樣的動機，李士群掌握刺丁情報後，卻又按兵不動的作法，客觀上為了中統提供了一次鋤奸的機會。

十八、潘漢年密會李士群——一樁說不清的歷史懸案

一九四五年抗戰勝利以後，神州大地雷厲風行地掀起一股肅奸浪潮。那些在民族生死存亡關頭投敵賣國者，經過正義的審判，得到了應有的下場。在公開審判的場合，人們驚訝地發現，許多著名漢奸頭目都自稱自己早已與國府的某個部門（如軍統、中統等）或某個長官（如蔣介石、戴笠、顧祝同等）秘密取得聯繫，有的還被委任為地下先遣總司令、總指揮等職務。不少人甚至細數自己幫助國府的各種事例（如提供情報，營救被捕的抗日志士等等），更有受審者當庭出示證明上述事實的文書和委任狀，及各種人證、物證。而從來沒有被指責過，哪一張委任狀、哪一份證明文書是偽造的。但最後，這些首惡者幾乎全部按例判處死刑，唯一例外的，是蔣介石特赦了周佛海，由死刑改為無期徒刑。

為什麼國府法庭對於那些在國府的正式承諾後才走上投誠之路的投誠者，翻臉不認賬？原因十分複雜。其中一個重要因素是，嚴懲漢奸已成為全國上下一致的輿論時，誰也不會逆流而動。當年，一頂漢奸帽子可以置任何強敵於死地，包庇漢奸的罪名同樣是對敵手污名化的法寶，在這種政治語境中，國共雙發都力圖搶佔道義、法律的制高點，掌控文宣層面的話語主導權。中共在文宣層面上向來要比國府的那些書呆子們棋高一招，早在日本天皇剛剛宣佈投降但正式協議還未簽訂時，一九四五年八月二十一日，中共中央兩次急電中共華中局，命令停止原先所準備好的武裝起義計劃，而把主要力量從奪取上海等中心城市，轉變為投入鋤奸運動，「改為群眾組織各團體，發動清查漢奸鬥爭。」（注22）中共順應民心民意，輕而易舉地主導了鋤奸運動的話

語權。國府高層則為奪取這個話語權無視原先的承諾，依法嚴懲那些投誠者。在這懲奸的語境裡，國共雙方連自己派入敵營臥底的隱蔽戰士也都棄之不顧，最典型的例子就是關露（注23）。抗日戰爭勝利後，關露無比興奮地抱著回娘家的心情來到新四軍根據地，等待與未婚夫王炳南喜結良緣。但當不明真相者在報上批判關露與李士群勾勾搭搭時，竟然沒有人出來說明真相：關露是受共產黨組織的派遣，潛伏敵營的。反而以組織名義找關露談話，要她為黨的聲譽犧牲個人利益，暫時不要露面。已準備與關露成婚的王炳南也被黨組織告誡，為黨的利益，不宜與關露成婚。

當時，整個共產黨方面都統一口徑，絕不暴露與日汪方面的任何聯繫，採取死不認帳的極端態度。五〇年代以後，凡屬當年奉命潛伏敵方的紅色情報員，以及負責對敵策反的地下黨員，全部受到不公平的待遇。從潘漢年、楊凡、袁殊到關露，無一倖免。直到八〇年代以後，潘漢年等冤獄陸續平反，當年曾作為與日偽勾結的罪狀的「潘李密會」，一百八十度地成為隱蔽戰士的不朽功勳，眼下，潘、關的傳記中、在一部又一部的電視劇中，也變成為他們成功「策反李士群」的重要證據。

十幾年前，在美國洛杉磯的老年公寓裡，溫啟民先生就指著大陸出版的一些文本，幽默地說，「這裡把潘漢年如何策反李士群說得有鼻子有眼睛，試問，這些作者哪一個是親歷者、當事人？簡直胡編。只有陳彬在李士群身邊兩、三年，對於潘李會，他是最有發言權的。據陳彬說，潘李原本在中共特科共事，他們見面時就像老朋友久別重逢，雙方一拍即合，爽氣得很。哪裡像這些書上說的還要下這麼大功夫、費盡腦汁去策反嗎？有的書故作玄虛地把潘李會講述得潘漢年如何如何高明，簡直文不對題。策反成功這幾個字倒是暗藏玄機的，國共惡鬥的年代裡，被中共潛伏者策反過去的前國府高層倒真是不少，家喻戶曉的就有代總統李宗仁、華北剿總傅作義、東北剿總衛立煌以及軍閥唐生智、程潛、陳明仁、盧漢、龍雲、吳化文、董其武等等。策反成功後，改換門庭，分別在人大、政協、國務院甚至軍委享有優厚待遇。如果李士群沒有被毒死，那麼這個被策反成功的李士群會不會棲身於上述諸君之列呢？——但在一九四五年的「懲奸」風口浪尖上，是不會有人願頂風出來說真話的。」

當下的抗戰敘事中，以表彰潘、關的大智大勇為立足點，早已把所謂策反的過程和細節演繹得惟妙惟肖，在此不贅。其實，所謂「策反」事件（以前的文本上稱作潘李密會），正發生在中西功被捕、武田義雄突然失蹤後，影子小組原有的傳遞情報渠道被切斷。這時，一方面是李士群急於開闢新的通道，把手中的機密情報傳遞給紅色陣營；另一方面，由於李士群在一九三七年底奉蘇軍情報總局之命打入日本情報機關以後，和中共情報系統處於失聯狀態，所以，這時中共中央又命令潘漢年聯絡李士群。於是，兩位闊別多年的特科老戰友又在特殊的間諜文化生態環境裡再次相遇了。李士群穿越了中西功失事後交通線斷路的困境，完成了遞送情報的任務。而潘漢年則憑老戰友的關係，獲取了新四軍所急需的日方軍事計劃。說穿了，有什麼策反不策反，完全是不謀而合的重逢，帶來的是雙贏的結果，當然，收益者是新四軍、是延安。根據李士群遞送的情報，蘇北的新四軍順利地粉碎了日汪的清鄉掃蕩。當前流行的諜戰敘事中，關於李士群主動向潘漢年提供機密情報並與之訂立秘密的君子協定等有關講述，基本符合歷史的真實，不真實的部分就是，誤讀了李士群通共、資共、助共的目的和動機。因為李士群的所作所為，是出自一個職業特工履行工具理性的職業規範，因為他在忠誠執行蘇軍情報總局影子小組所賦予的使命。

目睹李士群、潘漢年密會的除了上述的臥底將軍陳彬之外，還有時任汪偽特工總部上海區區長的胡均鶴。這個胡區長是典型的變色龍，早年，他是共產黨的活動家，任共青團中央書記，胡太太是著名的東北抗日英雄趙尚志的妹妹。胡均鶴投蔣後，任中統南京區副區長，投日後又追隨李士群頗受信任。胡均鶴與潘漢年本是老相識，投蔣後仍與潘保持秘密聯繫，是個貨真價實的多面間諜，他能夠巧妙地取得各方的信任，成為潘漢年和李士群之間的聯繫人。李士群把日軍對新四軍進行掃蕩的日軍機密軍事行動計劃，全部交給了潘漢年，還把一本上海儲備銀行的支票本和一個密碼本交給潘漢年。在上海形勢惡化後，李士群及時派人護送新四軍重要幹部劉曉等人通過封鎖線。李士群還向新四軍輸送軍火彈藥、糧食、藥品等物資，特別是潘李密會中的君子協定兌現後，使日方勞命傷財的清鄉大掃蕩演變成一場你進我退、你退我進的真戲假做。與此同時，新四軍和蔣軍之間卻正在上演著一場真戲真做的國共惡戰，於是，蘇北戰場成了蘇軍情報總局遠東戰略謀劃的實驗田，蘇軍情報總局為蘇聯遠東利益所設計的反蔣大聯盟，在紅色鼴鼠與中共情報高官的多次密會中，終於成局了。

中統潛伏在李士群身邊的臥底陳彬正是在目睹了李潘會的政治交易之後，認清了李士群聯日反蔣的真面目。據溫啟民先生回憶，在其中一次的李潘會中，李士群得意忘形的一段話，使陳彬非常震驚和意外。溫先生認為，這段話正是解讀或者說解密李士群迷案的鑰匙，現有的流行文本斷章取義只引述了此話的前半段（注24），把李士群要為共產黨奪權掃清障礙的那後半段話抹掉了。溫先生根據陳彬對他的講述，還原李士群在李潘會上的一次告白，李士群對潘漢年說：「當年我們常講，革命成功以後如何如何，現在我們不是已經奪取了政權了嗎？你們在延安蘇北，我在七十六號，都牢牢地掌了權，將來日本人遲早要失敗，國共又要爭天下，中統、軍統是老蔣的左右手，沒有這雙手，老蔣難得天下。所以我在七十六號專門打擊兩統人員，就是為挖老蔣的牆角，為共產黨奪天下掃除障礙。我做的是共產黨的清道夫，反蔣是我們的共同目標。」這段話使忠誠於國府的陳彬對於李士群的真實身份有了高度警惕，並及時向重慶方面做了彙報。溫先生說現在大陸的文本把李士群的話一分為二，後半段做清道夫的反蔣言論全部刪掉，僅引用前半段再加上潘漢年的義正詞嚴，達到美化一方、醜化一人的目的。

溫先生接著又說，他大致比對了一下，那些拔高潘漢年、醜化李士群的寫作人，沒有一個是現場親歷者，只有陳彬目睹了潘李重逢。溫先生感概地說，「中統、軍統曾為蔣政權立過汗馬功勞，以輸出革命為己任的蘇軍情報系統把蔣政權視作革命對象理所當然，因此長期以來，打擊、削弱蔣政權的特工系統是蘇諜機構的戰略目標之一。忠實執行蘇諜機構命令的李士群，以七十六號為工作平台，無情打擊兩統人員，事半功倍，成效顯著。」有關李在七十六號屠殺兩統人員的血腥記錄，所有的抗戰敘事皆有詳述，在此不贅。

值得一提的是，一九四九年以後，李士群的親信和後任者胡均鶴忠實地繼承了李士群未竟之業。一九四九年初，經潘漢年舉薦，饒漱石批准，胡均鶴隨軍進入上海，任上海市公安局情報委員會主任、情報專員，為上海公安局遞交了一份《已予運用及可予運用之滬地偽兩統人員表》，提供一千多條特務活動線索，協助抓獲了四百多名國民黨潛伏特務，協助破獲國民黨潛伏電台上百部。

十九、李士群向重慶高層「輸誠」——隱蔽戰士陳彬牽線搭橋

溫啟民前輩肯定李士群在四〇年代初已與重慶的高層建立聯繫，接受中統的指令，並與中統局長朱家驊、副局長徐恩曾都有熱線溝通，這個聯繫人就是陳彬。（注25）據陳彬告訴溫啟民先生，接通中統局副局長徐恩曾的關係比較順利，因為一九三三年李士群被捕後，徐恩曾非常樂意地接受了李妻的性賄賂，徐與李士群夫婦也算是老交情，不看僧面看佛面。倒是局長朱家驊那邊頗費周折，溫前輩的講述填補了證據鏈中的一個空白，因為，陳彬是通過溫先生與朱家驊聯繫的。

那天，溫前輩詳細講述了鮮為人知的內情：溫前輩的哥哥溫仲琦（一九〇一～一九八一）又名溫晉韓，廣東蕉嶺縣金沙鄉人，一九二一年考入北京大學經濟系，時任北大德文系主任的朱家驊，得知溫仲琦在五四運動時擔任梅縣學生聯合會副會長，頗具領導才能，所以介紹溫仲琦參加國民黨，在北京從事革命活動。一九二六年，三月十八日北京學生在天安門廣場舉行群眾大會，會後向段祺瑞政府示威請願，當場被衛隊射殺四十七人，世稱「三一八慘案」，朱家驊是當天群眾大會主席，溫仲琦即追隨左右，事後，北洋政府下令通緝朱家驊等人，朱南下廣州，參加廣東革命政府。一九二六年七月，朱家驊把溫仲琦召到廣州，任國民黨廣東省黨部秘書。從此以後，在朱家驊的提攜下，溫仲琦為國民政府服務數十年如一日。溫仲琦始終奉朱家驊為自己的官場引路人與恩師，溫仲琦偶有請托，朱也十分關照（注26），陳彬夫人溫斐，又名溫華鳳，是溫仲琦的親妹妹。一九三六年，陳彬在中統香港站任職，一九三八年國民黨在武漢召開臨時大會，決定把全國特工系統調整為中

統和軍統，中統局隸屬於國民黨中央秘書處，並由國民黨中央秘書長兼任中統局長（注27）。陳彬就是在朱家驊兼任中統局長後，由香港調至中統的重點單位上海站任站長，時年僅二十八歲。一九四一年春，陳彬奉中統密令潛伏於李士群身邊，任江蘇實驗區副區長、保安團團長，戰鬥在敵人心臟（注28）。陳彬通過溫啟民哥哥溫仲琦先生，與中統局長朱家驊等建立了熱線通道。陳彬隱蔽在李士群身邊三年間，這個通道不僅傳遞了重慶下達的各項命令指示，同時把敵方的核心機密、情報及時地向重慶彙報。通過這一通道，重慶有效地指揮著陳彬的地下活動，掌握著李士群集團的動向，李士群瞭解陳彬肩負的臥底使命，他通過陳彬向重慶國民政府一再「輸誠」，為自己預留出路。蔣介石受戴笠影響，而朱家驊又看蔣的臉色行事，所以一開始朱對李士群的投誠不以為然，後來，經過陳彬——溫啟民——溫仲琦——朱家驊這條管道的疏通後，朱家驊也轉變對李士群的態度。

二十、一僕多主的多面間諜
——為蘇日國共汪五方服務

作為腳踏多條船的雙面、多面間諜李士群，最重要的組織關係是另外二張路線圖，其一是：武田義雄——影佐禎昭——晴氣——李士群。這是武田義雄在軍方體制內力挺李士群的路線圖，其二是一張隱蔽的組織聯繫圖：謝苗・彼德羅維奇・烏里茨基——影子小組（武田義雄）——中西功——李士群。

武田是蘇軍諜報機構遠東戰略圖謀的忠實執行者，蘇軍著眼於長遠的戰略利益，即二戰後可能出現的國際博弈的新格局，制定了助共打打蔣的戰術取向，實際上這與李士群正在執行的投日打蔣殊途同歸，老蔣成為蘇共、中共、日汪的共同敵人。武田義雄最重要的助手是中西功（一九一〇～一九七三），日本三重縣人，一九三二年中西功結識了後來成為佐爾格小組主角之一的尾崎秀實，從而邁開了紅色鼴鼠的傳奇人生。為了情報工作的需要，一九三八年，尾崎秀實將中西功介紹到日本研究中國情報的特務組織「滿鐵總社調查部」，同年，中西功被當作中國問題專家借調到上海的日本支那派遣軍司令部特務部工作。然而，日本軍方萬萬沒有料到，這位中國通卻是為中共、蘇共情報網同時服務的紅色特工。中西功利用潛伏於日軍反間諜機關要害崗位之便，自由進出機密資料室，並外出調查，獲取上千份絕密情報，其中包括已擔任日本近衛首相秘書的尾崎秀實發來的御前會議記錄等核心機密。佐爾格小組失事後，中西功冒著極大危險接續了尾崎的工作，中西功的真實身份是日本共產黨中央委員。中西功的間諜生涯同樣與謝苗・彼得羅維奇・烏里茨基有關，他也是在烏里茨基將軍的安排下與武田義雄共建了武田小組，俄語稱「捷列金小組」，因武田的代號為「影子」，所以也稱「影子小組」。中西功與李士群、武田義雄一樣，也是用懸念堆砌起來的迷宮。有一點是肯定的，正像當下主流媒體所敘：「武田義雄以極大的熱忱幫助中共情報系統獲取了上千份絕密的戰略情報，為中國抗日戰爭的勝利做出了卓越的貢獻。」

流行文本大多強調潘漢年對李士群存有戒心，以示潘漢年堅定的革命立場，甚至還編造了潘李早年曾有過節等等。其實，這些敘事純屬畫蛇添足，因為既然認定潘漢年以策反的目的接近李士群，那麼任何個人的情感都無礙於潘漢年去完成黨的任務；至於李士群這邊，本來就是在履行影子小組的使命，無關個人之間的恩怨好惡。因此，潘李會實際上是忠於共同信仰卻分屬於兩個情報系統的情報戰士之間的工作交流。

監管指導汪偽政權及其特工系統的工作，原來就是中西功所任職的特務部的本職，中西功理所當然地充分利用這天賜良機，在職務範圍內藉工作之便，獲取和傳遞情報，李士群也是通過中西功與武田領導的影子小組正式恢復聯繫的，這就是前文所述的那張傳遞情報的路線圖。發端於武田義雄、中西功，終端是潘漢年和延安，在中間起著上傳下達作用的所有環節則是中西功和李士群。某些不明真相的抗戰敘事，習慣於把潘李密會熱炒成潘策反李的成果，說穿了，這個所謂密會不過是影子小組向中共提供絕密情報的全過程中的一個工作流程而已。

二十一、蘇諜「影子小組」全軍覆滅
——傾巢之下豈有完卵　鼴鼠慘遭密裁

李士群紅色間諜生涯的一個重要拐點，是一九四二年七月二十二日，因為這一天影子小組的核心人物中西功被捕，武田義雄的諜報網被迫暫停活動。事情還得從蘇聯另一個王牌間諜小組「佐爾格」失事說起，後來被史學家譽之為二次大戰中最成功的諜報員佐爾格和尾崎秀實，在珍珠港事變發生前兩個月被捕。之後，中西功冒著極大危險接續了佐爾格、尾崎的未竟之業，佐爾格事件使日軍高層非常震驚震怒，下令徹查，並由此牽連到中西功，因為中西功是由尾崎秀實推薦到特工機關任職的。於是一九四二年夏季，中西功本人及其諜報網的二十餘人被捕。中西功從上海被押到東京後，在酷刑拷問下寧死不屈，嚴守組織機密，拒不交代上級領導和下線的接頭人，保護了武田義雄和李士群，使他們暫時逃過一劫。但由於案發前三人之間頻繁接觸，武田義雄和李士群自然受到特高課的秘密調查，一張災難的巨網已經覆蓋在他們頭頂，取證工作在暗中有效地進行著。調查人員從武田身上嗅到了他們所尋找的那種氣味，而最重要的疑點是，武田所參與的兩次暗殺史達林的行動最後均告失敗，特別是日本反間諜人員查實武田在參與代號「獵熊」的暗殺史達林計劃時，曾從東北給上海的中西功寄過一個可疑的包裹。以此為突破口，迅速擴大追查線索，許多疑點都集中到武田義雄身上。一九四二年十月，武田北上瀋陽執行公務時，神秘失蹤。從此以後，有關武田的所有資訊皆屬「有人看見」、「有人說」等傳言。因此，筆者有充分理由斷言，實際上，真實的武田義雄不是像媒體所說「消失在一九四五年」，而是消失在一九四二年，並且是詭異地失蹤。

由於武田義雄是著名的蘇聯問題專家，受到日本高層將軍們的器重，長期擔任侵華日軍軍方情報部門的最高負責人。一九四二年十月失蹤時，他最後的職務是，日本支那派遣軍總司令部少將副參謀長兼特工處二科科長，是日本在華間諜機關最高首腦，竟然是蘇軍情報總局的臥底，這是對整個日本諜報系統的諷刺和嘲笑，這是一種難以言說的尷尬和無法抗拒的恥辱。為了掩蓋醜聞，最佳的選擇就是讓他神秘消失——實際上就是秘密處決。

不久前，傳媒在播放武田義雄的事蹟時，列舉了與武田相關的十九件重大懸案，「李士群被毒殺真相」也被列為十九懸案之一，這足以證明有識之士所見略同，人們開始關注蘇軍影子小組領導人的神秘消失與影子小組成員李士群的被毒殺之間的因果關係。因為，影子小組核心成員中西功失事後，對中西功間諜案的調查理所當然會追查到與中西功、武田等人都有頻繁接觸的李士群。在日方秘密而又嚴格的調查面前，李士群處處露出破綻，因為向新四軍輸送武器糧食彈藥等資共行為，都需動員相當多的人財物、經過一系列工作流程、操作程序才可以完成的，只要認真查訪，相關的證據簡直俯拾皆是。一旦坐實與中西功同案，李士群豈有不死之理。

李士群在得勢後，忘乎所以、鋒芒外露、處事高調、飛揚跋扈，同時在汪政權內部爭權奪利的過程中，四處樹敵，早已引起日汪內部很多人的不滿，許多人甚至必欲除之而後快。這些，在流行文本都有記敘，在此不擬詳論。而與影子小組關係的暴露，則成為壓垮李士群的最後一根稻草。

於是，日方又一次遇到了同樣的尷尬，一個是侵華日軍特工機關的最高長官，另一個是日方扶植的汪偽特工機關第一號頭目，這一對紅色鼴鼠竟然把日方的要害部門變成實現蘇軍情報總局遠東戰略的工作平台，如公開宣佈李的紅色鼴鼠的罪狀，並公開處決，那麼對於扶植李上位的日方來說，無疑是對自身整個特工系統功能和效率的全盤否定。

如何處置李士群？使既不願承擔用人不察責任、又不能讓李士群逍遙法外的日方當然要面臨兩難的選擇。於是，惱羞成怒的日本軍方最終選擇了一個既可以懲罰鼴鼠又可以保住臉面的辦法，就是秘密處決——暗中下毒後再故意把責任推到重慶方面——歷史的奇妙也正在於此：日方處心積慮推卸殺李責任，卻正為邀功請賞者提供了求之不得的難得機遇，軍統等各路人馬都爭先恐後地把殺李的帳記在自己的功勞簿上，公共輿論平台上，軍統藉日本人之手毒死李士群的詮釋之所以能順利傳播，正是日方轉移焦點、金蟬脫殼的成功。時至今日，日本特高課為模糊焦點而編導的這出「毒李疑案」在中國觀眾數十年如一日的配合下，仍在當下的抗戰敘事中熱演著，可謂久盛不衰。

注釋

1. 溫啟民，學名晉韓，廣東蕉嶺縣金沙鄉人，廣州中山大學畢業。抗戰初期與時任中統香港站少將站長陳彬（又名陳彬昌）一起工作。一九三九年末，陳彬履新中統上海站站長，溫啟民隨同來到上海，他是陳彬大學時的同學和工作中忠誠的同志與戰友，又是姻親，其小妹溫斐即陳彬夫人。王應錚，廣東梅縣人，陳彬調任中統上海站站長時，是陳的主要助手之一，參與鋤奸行動。一九四九年到台灣後，任公職，退休後定居台灣。
2. 有關陳彬將軍事蹟，詳見溫啟民：《記抗日烈士陳彬》，刊於台灣《廣東文獻》第二十卷第一期第三十九頁。
3. 另一說為，生於一九〇七年四月二十日，詳見張殿興編著之《汪偽特工總部「七十六」號內幕》，東方出版社二〇〇九年八月版第二頁。
4. 有關李士群家世，另一說為，祖上因軍功擁有大批土地，到李士群祖父，是位清末秀才，不善治家，遂至家道中落，只留下幾塊耕地，勉強維持家人生活。詳見《汪偽特工殺人狂——李士群》（劉紅娟）團結出版社二〇〇一年七月版第一～二頁。
5. 詳見[俄]維克托・烏索夫：《蘇聯情報機關在中國》北京解放軍出版社二〇〇七年七月版第五十八頁。
6. 同注5第五十八頁。
7. 同注5第十八頁。
8. 摘自溫啟民先生在美國與筆者的談話記錄。
9. 盧福坦（一八九一～一九六一），山東泰安人，一九三一年任中央政治局委員，成為臨時中央局三常委之一，一九三二年被捕後投敵，常帶國民黨特務搜捕中共人士。一九四九年被捕，一九六一年槍決。
10. 同注5第一六四～一七〇頁。
11. 一九二六年五月，國民黨二屆二中全會之後，擔任國民黨中央組織部正、副部長的蔣介石、陳果夫在組織部內設立黨務調查科，由陳立夫擔任科長（後為徐恩曾），專門搜集有關共產黨的情報。一九三〇年調查科由情報搜集轉向特工行動，設特工總部，並在各省、市、縣和特別黨部中，建立了下屬機構特務室（小縣只有特務員），在重要地方還設立了秘密工作區，如上海區、南京實驗區、徐蚌工作區。一九三四年調查科改為國民黨中央組織委員會黨務調查處。同年，蔣介石為了統一特務組織，在軍事委員會內設調查統計局，以軍方賀耀組為局長、黨方陳立夫為副局長，下設三個處，第一處黨務處，處長徐恩曾；第二處軍警處，處長戴笠；第三處郵電檢查處，處長丁默村。

12. 詳見馬嘯天等：《我所知道的汪偽特工內幕》，上海東方出版社二〇一〇年六月版第二～三頁。
13. 摘自王應錚先生在台北與筆者談話記錄。
14. 葉吉卿賄賂馬嘯天等人，又以美人計救出李士群等情節詳見蔡德金：《七十六號》北京團結出版社，二〇〇七年十二月版第五～六頁。
15. 詳見黃美真等：《汪偽『七十六號』特工總部》北京團結出版社二〇一〇年六月版第五頁。
16. 同注14第七頁。
17. 同注14。
18. 同注5第五十三頁。
19. 同注14第八～九頁，同注12第四～五頁，同注15第五～八頁，同注3第五～六頁。
20. 同注15第五頁。
21. 詳見香港《前哨》二〇一一年六月號第一〇四頁。
22. 詳見《一九四五年中共上海起義計劃因何被放棄》（盧毅）轉載於《讀報參考》二〇一二年第四期第六十四頁。
23. 關露（一九〇七～一九八二），原名胡壽楣，祖籍河北宣化，生於山東右玉縣，著名左翼女作家。抗戰期間奉組織命令潛伏敵營。
24. 詳見葉健君等：《十大紅色特工》廣東珠海出版社二〇〇九年七月版第一二七頁。
25. 同注2。
26. 詳見溫啟民：《溫仲琦傳略》刊於台灣《廣東文獻》第二十一卷第一期第二十七頁。

27. 國民黨特工機構自一九二七年創建後，一直有黨務部門陳立夫、陳果夫兄弟主持，蔣介石為制衡二陳的勢力，一九三八年藉戰時體制的需要，調整全國特工機構，調朱家驊由國民黨中央秘書長兼任中統局長，這是蔣介石樹立自己威權的舉措。雖然朱家驊任中統局長不斷受到兩陳親信徐恩曾副局長的挑戰，但終因有蔣介石的力挺而在權力鬥爭中搖搖晃晃地一路走了過來。

28. 同注2。

第三部　還原歷史

二十二、民間熱議「蛇蛻殼」策反計劃——起義前夜內奸「海妖」告密

李士群在一九四一年後，已與國民黨中統恢復聯絡，這是連流行文本也不否認的事實，溫啟民先生曾說，陳彬告訴他，有一次李士群要處決兩統人員時，陳彬對李說，「大家都說七十六號這個地方太血腥」意在勸阻，李認真地回應，「我已惡名在外，就算現在金盆洗手，人家會放過我嗎？我確實殺過不少人，但那是以血換血、以牙還牙，不然，現在我們會安穩地坐在這裡喝茶？從季雲卿、屠振鵠、高鴻藻、陳籙（注1）到中央儲備銀行的職員，重慶那邊的刺客手軟過嗎？那一年（指一九三九年）光在租界裡他們就傷了我四十多人，我若手軟，季雲卿他們死不瞑目。再說徐恩曾他們抓我的時候也太狠了點，電刑、老虎凳、辣椒水全都用到。我現在的確對中統軍統的人下手不輕，可是沒有碰過（中統）朱家驊的人，將來你要為我作證哦，哈哈！」溫前輩說，李士群對國府地下軍的血腥鎮壓和對共產黨的百般護佑，陳彬早就看在眼裡，覺得李士群這個人太難琢磨，是一個特大懸念。李士群聰明過人，比如，他明知陳彬通過妻兄這一層關係與中統局長朱家驊有著熱線聯絡的管道，所以故意在陳彬面前表示自己對中統的打擊尚有一定的選擇性，即不碰朱家驊的人。因為，朱家驊兼任正局長後與掌握中統實權的徐恩曾之間的權力鬥爭愈演愈烈，李士群把握中統內部派系的脈絡，趁機鑽空子，企圖讓陳彬誤讀他是在幫朱家驊消滅另一派的勢力。當然，深諳李士群心機的陳彬是不會上當的。

然而，選擇中統朱家驊為靠山，並不能消解李士群與國府地下軍的矛盾，特別是在李的毒刑殘殺和誘降策反的組合拳打擊下，兩統在上海的組織解體、人員叛變，頻臨全軍覆滅的絕地，戴笠、徐恩曾是不會輕饒他

的。溫前輩說，有人講，李士群投靠中統朱系後，仍難逃殺身之禍，這是兩統之間的內部矛盾所致，此說實在膚淺，不過，兩統之間誤殺對方的臥底的事件，在抗戰時期也時有發生，比如，著名新感覺派作家穆時英奉中統之命出任偽職，竟被不知情的軍統鋤奸組暗殺，便是其中一例。但李士群之死的背景，與穆時英沒有可比性。

在採訪溫、王兩位前輩時，有關蘇諜影子小組的資料還未揭秘，但兩位前輩早已認定：李士群是被日方秘密處決的，因為這是國際間諜戰裡消滅對方鼴鼠的慣用手法。民間層面有關李案的最新敘事值得一提：講述了毛澤東親自制定策反李士群的「蛇蛻殼」計劃，並責成饒漱石、潘漢年執行，而且把李士群之死歸之於策反計劃被內奸『海妖』洩密。筆者認為，是否存在這個「蛇蛻殼」計劃不是李士群致死的決定性因素，因為李案的致命要素是中西功失事後、捷列金小組的全軍覆沒，全部涉案人員都受到嚴懲，無一例外。覆巢之下豈有完卵？作為捷列金小組重要成員的李士群自然無法倖免於難。

如果按民間敘事邏輯鏈的走向，實際上出現了兩條平行的軌跡，其一，是毛澤東在延安命令蘇北新四軍的饒漱石，佈置潘漢年在滬寧實行「蛇蛻殼」計劃，策反李士群；其二，與此平行的則是李士群在中西功失事、武田義雄失蹤後，急於尋找蘇諜網的上線關係，在蘇諜網還沒有把李的組織關係移交給中共的情況下，李士群順水推舟、順其「策反」，趁機把情報及時送出去。早在一九三三年，李士群按蘇諜網的指令假自首、真潛伏於中統，而中共對蘇諜網的這個密令應該是不知情的，所以才對要表示歸隊的李士群進行無限期的考驗。在長期考察後仍不讓他正式歸隊的情況下，李士群依然把機密情報交給潘漢年，這是出自他對蘇軍情報總局的職業忠誠，不管心裡是什麼滋味，行動上必須執行蘇共的助共打蔣方針。不久，因影子小組失事，李士群被毒斃，這是蘇諜總部的重大損失，也是中共的重大損失。

民間敘事認為，抗戰勝利前後，中共「在華中有三大失利，一、新四軍軍部被殲滅，二、李士群被害，三、日本戰後不向新四軍投降。這三大失利刺痛了毛，然而內奸一直找不出來。」有資料表明，李的失事與深藏在中共內部「海妖」有關，因此對洩密「蛇蛻殼」計劃的元兇的追查，一直延續到五〇年代，在保密的情況下，持續進行著，潘漢年、楊凡、饒漱石、袁殊、關露直到劉少奇，這些人都受到嚴格審查，但證實「海妖」存在的證據鏈始終不夠完整。

兩岸主流話語的歷史敘事中，早已把李士群釘在歷史的恥辱柱上，名列汪偽十大漢奸之一。在這樣的語境下，李士群的真實身份必然成為各方共同要嚴守的核心機密之一，這機密的核心之處在於它有可能顛覆蘇共對華政策的全部正義性，有可能揭示出在抗戰時期那些口口聲聲稱自己是中國人民朋友的國際力量，暗中卻與日方組成某些層面、某種程度的利益共同體，進行著出賣中國利益的骯髒交易。更有可能揭示出在抗日的表象下，國內各利益集團與敵方的各種幕後交易，因此，惟有死死守住這點核心機密，才能維護各自的聲譽，保持其信念與形象的完美性。即使在影子小組領導人武田義雄已光榮授勳的今天，仍沒有一個諜報機構願站出來為李士群這個多面間諜做身份認同，對李的組織關係的歸屬始終諱莫如深。

二十三、國際陰謀中被各方遺棄的棄兒——失事間諜如同報廢工具無人認領

無論他是投靠日寇的漢奸，還是恪守工具理性職業規範的蘇諜，無論是出自「助共反蔣」還是「投日打蔣」的目的，李士群及其七十六號所打擊的兩統成員，都是戰鬥在淪陷區的愛國志士，在八年抗戰中，僅軍統就犧牲了一萬八千人之眾，其中不少人就是喪生於李士群的屠刀之下，七十六號裡流出來的是抗日地下軍和無辜百姓的鮮血，他用同胞的血染紅了自己的頂戴。無論李士群效忠於蘇聯還是日本，對愛國者的屠殺都是對民族大義的背棄。所以，無論他是死於——民間敘事所說的——「蛇蛻殼」策反計劃成功實施之前或是蘇諜影子小組失事之後，也無論是死於日方的秘密處決，還是軍統的復仇之劍，最終仍要重新回到邏輯的原點：他到底是誰？

如果說，他是忠於蘇諜的紅色鼴鼠，他卻沒有獲得武田、中西功的聲譽；如果說他是在「蛇蛻殼」計劃中被潘漢年策反的起義者，那麼，當潘漢年被作為情報戰線標誌性人物而載入史冊時，他卻沒有獲得類似傅作義們的優待；如果說他是死心塌地投靠日偽的漢奸，他卻又被日方以毒斃的方式秘密處決……他到底扮演著何許角色？對此，時至今日無人應答，沒有任何一方站出來對李士群作個體的身份認同，只有流行敘事對李案的那些不能自圓其說的講述：不是長期處於失焦狀態（比如對李被毒斃的詮釋），就是不清不楚矛盾百出（比如對潘李密會的詮釋），這是由於主流話語在習慣思維引導下，所構建的集體記憶必然造成的誤導和誤讀。

也許他不過僅僅是間諜文化中司空見慣的一個案例：同時效忠於不同的組織，一僕數主，最後又被所有主子遺棄的棄兒，跨國大陰謀裡一個命定的犧牲品。這樣的犧牲品在中外諜戰史、陰謀史上絕不是偶發的個案，

而是屢見不鮮的常態。如另一位舉世聞名的蘇聯間諜佐爾格的遭遇，更能證明諜戰的殘酷性決定了間諜命運悲慘的必然性。佐爾格在為蘇聯立下奇功之後，不幸於一九四一年十月十八日被日本警察逮捕。當年，日本曾提出用佐爾格交換幾個在蘇聯被捕的日本間諜，但蘇聯政府卻公開否認佐爾格是其情報人員，於是佐爾格於一九四四年十一月七日在東京巢鴨監獄被處以絞刑。這樣冷酷拒絕被捕間諜歸隊的事例，在中外間諜史上並不是罕見。蘇諜機構以意識形態宣傳來招募為信仰獻身的情報員，以美麗的說辭要求特工為革命犧牲，而實質上一切被招募的特工都是蘇聯為實現自己目標的工具，特工一旦被捕或者暴露身份，等於工具失靈報廢，官方會毫不猶豫地加以拋棄。對建立奇功的佐爾格（以後被授予蘇聯英雄稱號）況且如此，那麼對李士群們自然也不會例外。所以，在李士群成功潛伏敵人心臟時，蘇方儘量榨取其利用價值，身份暴露而被毒斃後，就又避而遠之拒絕認賬，這是符合蘇諜機構的一貫作風的。

再則，由於鼴鼠造成的損害往往是絕對致命的，所以，各方都對鼴鼠恨之入骨，一旦暴露，絕不輕饒，這也是間諜文化獨有的潛規則。由此可見，陰謀文化本身的特殊性早已決定了李士群的命運。正如紅色特工巨頭潘漢年所說，「凡是搞情報工作的，大多數都沒有好下場，中外同行都一樣。」這是在李案過去十三年的一九五五年，已知即將大難臨頭的潘漢年，在北京飯店與「潘李密會」的知情者袁殊話別時所說的一句話。這句話與其說是對李士群結局的寫真，不如說是潘漢年對自己未來命運的精準預測。因為幾天後，潘漢年、袁殊都蒙冤入獄（注2）。

間諜，這個人類歷史上最古老的職業，當下已被娛樂界把這個命題的正面價值發揮得淋漓盡致，台前的鮮花掌聲和喝彩掩蓋了幕後觸目驚心的真相，而潘漢年的「沒有好下場」則直言不諱地道出了現實生活中諜報工作者的實際命運，令人扼腕。因為諜戰文化的特殊性、專業性、隱蔽性，決定其自有獨特的專業價值判斷指標和評估體系。現有的任何一種意識形態的價值判斷體系都無法涵蓋諜戰中實際應用的遊戲規則和潛規則。在這裡，通常的是非、善惡、美醜標準也許會讓位於「成王敗寇」的鐵律。於是，成功實現目的才是價值判斷的唯一標準，在這裡，為獲取成功所採取的手段、手法都被視為具有工具理性的正當性。諜戰中的真正贏家只有一家，就是成功的幸運兒，其餘的都是輸家。而最大的輸家，常常是真相和公義。人們常說，科學上任何命題都具有邊界條件，越過邊界條件，真理就變成謬誤。那麼間諜文化的邊界在哪裡？也許這就是誰也不願去捅破的那層薄薄的紙。在那張薄紙背後，隱藏了多少懸念、謎團和難言的秘密？誰知道呢？

雖然歷史是無情的，但也是公正的。有朝一日，相關密檔解密之時，就是李案全部懸念水落石出之日。

二十四、捨生取義的巾幗英雄
——發掘鄭蘋如被埋沒的功績

刺丁案的主角之一鄭蘋如（一九一八～一九四〇），在《色戒》熱播所引發的還原熱中，有關她的個人身份、生平事蹟、家庭背景，以及她參加中統的過程、在諜戰一線的業績，特別是鄭蘋如與丁默村之間的互動關係，都已成為「還原熱」中的焦點，大批量地湧進公眾的視野。因本文立足拾遺補缺、輯佚鉤沉，所以就不再錦上添花地一一重複，並剔除娛樂性的戲說，僅為保持敘事的完整性將其史料性的簡歷引述如下。

鄭蘋如曾是譽滿「孤島」的上海名媛，中日混血兒。父親是追隨孫中山的國民黨元老鄭鉞又名鄭英伯，母親是日本名門閨秀木村花子。鄭英伯留學日本時，與木村花子成婚，木村改名鄭華君。一九三七年上海淪陷後，由陳立夫的堂弟、中統局駐滬專員陳寶驊直接發展鄭蘋如為中統組織成員。參加組織後，鄭蘋如利用各種得天獨厚的人脈資源周旋於日偽高層，獲取抗日情報。後受命參與對丁默村的秘密制裁行動，不幸失手。被捕後，為嚴守組織秘密，一口咬定是為情所困而雇兇殺人，於一九四〇年二月慷慨就義。此事成為當年轟動上海灘的新聞之一。

但大眾視線至今仍聚焦於鄭蘋如與丁默村及七十六號的關係，更有個別還原者被《色戒》的床戲所誤導，熱衷於男歡女愛恩愛情仇，而忽視了真實的鄭蘋如當年活躍在諜戰一線的獨特貢獻：隱蔽於日寇高級官佐之中，收集情報並聯合日本反戰人士，以求從日本軍方內部進行離間、達到制止日本侵華戰爭的目的。日本人在回憶鄭蘋如時，直指這是她生命史上最光輝的一頁。這是切中要害的專業點評。活躍在中日雙方的混血兒鄭蘋如，從她的個人出生，到她涉足間諜戰線的具體經歷，在當時就明顯地具有跨民族的國際因素，所以日方人士一直十分重視這段涉及兩個民族的共同記憶：原侵華日軍上海憲兵隊特高課長林秀澄、原侵華日軍梅機關派駐七十六號總部的代表晴氣慶胤、原侵華日軍梅機關成員犬養健等人在戰後的回憶中，都對鄭蘋如的間諜生涯做出了專業性的價值判斷。他們根據對職業間諜的評估標準認為，評價鄭蘋如的間諜業績的指標不應是刺丁案的成敗，因為與一次未遂的暗殺事件相比，鄭蘋如聯合日本反戰人士以求在日本國內展開反戰鬥爭的工作，是高端地滲透。這就是《孫子兵法》上所說的「上兵伐謀」。許洪新在一個《一個女間諜》中對鄭蘋如的角色定位也作出了公正的判斷：「高端的間諜工作當為聯合敵方政治反對派，在其內部開展鬥爭，爭取改變其政治路線：稍次則是獲取戰略情報，戰術性行動實為最下。鄭蘋如正做了大量的聯合日本反戰人士工作，以求從日本國內展開鬥爭，達到制止日本侵華戰爭的目的。」鄭蘋如曾截獲汪精衛異動的消息，屬高端的戰略情報，可惜未得中方重視。可以這樣說，鄭蘋如的上級並未認識到她作為高級諜報員的價值及潛力，反而委派她直接參與一線的戰術行動，也可以說是大材小用。把一個適合在最高端戰略崗位上發揮作用的諜報員當做一個戰術行動的角色來調遣，至少是不符合人盡其才的用人原則。

鄭蘋如加入中統組織後，以母親是日本人的身份和流暢的日語，很快融入了侵華日軍駐滬各機關的中上層交際圈中，她八面玲瓏地周旋在這些軍官與文官之間。她曾和日本首相近衛文麿派到上海的和談代表早水親重攀上關係，通過早水的介紹結識了近衛文麿的兒子近衛文隆，華中派遣軍副總參謀長今井武夫，陸軍特務部的花野吉平、三木亮孝、岡崎嘉平太，駐滬日軍報導部的花野慊倉，海軍諜報機關長小野寺信等等。鄭蘋如成功任職於小野寺信機關的翻譯和日軍報導部的播音員，獲取了大量的機密。在這些機要情報中，最重要的當屬有關汪精衛叛國的信息：那是一九三八年八月，早水告訴鄭蘋如，汪精衛將有「異動」，十二月初再次告知，汪精衛將於近日「異動」。兩次情報，鄭都以急電報告重慶，成為預報汪精衛叛國的第一人。可惜重慶高層不相信一個初出茅廬的小女孩能獲取如此重要情報，而沒有引起高層的足夠重視。直到汪精衛經昆明出逃河內，並發出「豔電」之後，中統高層方才明白鄭蘋如的價值。

當年震動日方在滬人員的所謂「首相之子失蹤案」也是鄭蘋如的諜戰業績。當事人近衛文隆的嗣孫近衛忠大所著的《太平洋戰爭中的近衛家族》，和西木正明依據史實撰寫的近衛文隆的傳記體小說，都記敘了鄭蘋如和近衛文隆在「反戰」立場上的共識，使鄭蘋如諜報工作獲得了可開拓的預期空間：她先帶近衛文隆參觀難民營，讓他直面侵略戰爭給人民帶來的災難；然後否定汪精衛的和平運動，建議文隆親自與「蔣介石談談」。鄭蘋如的建議正符合文隆受父親指使來中國尋找接觸渠道的使命。一九三九年五月十四日，即將赴重慶的近衛文隆從安全考慮，切斷了與外界的聯繫，想不到此舉後果嚴重，由於首相兒子的突然消失，使上海的日方人士大為吃驚。事情敗露後，文隆被帶到了日本領事館，不久被遣返回日本。

日方在以征服中國為目的的大方向下，內閣和軍部尚有策略和手段的分歧，在整體擴張方針上，也有北進和南進、海軍和陸軍的矛盾。不能用簡單的論斷把日方視為鐵板一塊。上海是國際大都會，有著號稱中立的租界，具有廣泛接觸、聯絡各種政治勢力的平台。日本各反戰派也因此而雲集上海。在鄭蘋如的社交圈中，花野和早水等人就是反戰派，花野是一位堅定的反戰人士。在上海，他任職於日本陸軍特務部，該部主持人為原田少將。花野與岡崎、早水、三木等彼此交流反戰觀點，廣泛聯絡其他部門和部隊中的志同道合者，並與國內反戰團體、左翼轉向派、新國民同盟會以及日本共產黨員尾崎秀實、中西功等建立了聯繫。早水後來被近衛首相委任為在上海的私人代表，這一身份使早水能與日本外務省、內務省中反戰人士建立聯繫，還能充分而及時地瞭解日本國內高層的動向。前述有關汪精衛將有「異動」的重要情報，就是由早水透露給鄭蘋如的。在花野、早水、中西功等多方推動下，以駐滬日軍機關中層官佐的反戰派為主體，組織了一個名為「思想經濟研究會」的團體，在日軍內部宣傳反戰思想。甚至在參謀本部軍務科召開的會議上，反戰派公開提出「從中國撤兵」、

「及時肅清謀略軍人和戰爭擴大派」、「反對扶植汪精衛」等主張，明確要求改變對華政策，建立日本新的政治體制。

當時日本近衛首相出於政治需要，一度曾在對華問題上做出貌似溫和的誘降姿態，多方尋找與重慶接觸的渠道，並委派早水為與重慶接觸的代表，又讓自己的女婿兼秘書細川護直、兒子近衛文隆和海軍特務部的小野寺信等赴香港，尋找與蔣介石方面接觸的機會。就是在上述背景下，發生了所謂「首相之子失蹤事件」。日本人士在回憶錄中所提供的版本是：鄭蘋如和近衛文隆在反戰立場上取得共識後，兩人共同設計了「與蔣介石談談」的實施方案。這事件本身既可以視之為鄭蘋如的工作表現，也可以視之為是鄭蘋如日本反戰人士的一次合作記錄。可見鄭蘋如與日本反戰人士由相遇、相識而相知，在密切的互動中、積極推動了日方內部的反戰運動。

花野、犬養健、晴氣、林秀澄等日方人士都是「孤島」時期中日諜報戰的親歷者、見證者，他們都不約而同地重點聚焦於鄭蘋如對日本反戰派工作方面的績效。他們認為，這是鄭蘋如間諜生涯中最光輝的一頁。這本應是還原熱的重中之重，然而，刺丁案的槍聲，使還原熱失焦。正如一位有識之士所說述：迄今有關鄭蘋如的文章中，都沒有涉及鄭這方面的功績，千萬不要只被刺丁的槍聲奪去了注意。為此，對鄭蘋如應當有新的認識和更高的評價。鄭蘋如被捕殺，某種意義上正是日本軍內上自東條英機、下至影佐、林秀澄、晴氣這批謀略派軍人和戰爭擴大派，為了鎮壓日益高漲的日本反戰運動的需要。筆者認為，對準焦點，是當下還原熱的必要前提。而有關鄭蘋如與日本反戰派交往的史料的新發現，不僅為重評鄭蘋如歷史功績提供了新的證據，也為抗日戰爭史研究開闢了新的視角。所以，「首相之子失蹤案」是還原工程中必須辯正的一段史料。當然，與刺丁案相關的還原工程中，急需辨正的遠遠不止上述的「失蹤案」。在繼續辨正之前，應該揭示一個不容忽視的誤區，一些製假售假者以還原者的面目登場，實際上卻歪曲事實，誤導讀者，傷害先烈。雖然與健康的主流相比，這僅是暗角裡的潛流，然而其危害性卻不容忽視。

金雄白在《汪政權的開場和收場》一書中說，「鄭蘋如承認了為重慶工作，而且是奉軍統之命行事。」這就是坊間流行的招供說的來源，而在其他文本中，都記敘了鄭蘋如始終在桃色事件中與特務周旋，否認她與國府情報機關的組織關係。汪偽七十六號第二處處長馬嘯天和汪偽中央黨部社會部副部長汪曼雲一九六二年著手撰寫、經黃美真加工整理的《我所知道的汪偽特工總部內幕》，則是上述情殺說的來源。書中寫到：「鄭蘋如雖然承認打丁默村是她雇凶的，但又說，這是男女之間的問題，因為丁默村又別有所戀，要把我拋棄，我深恨自己認錯了人，受他的欺騙，給他糟蹋了，心實不甘，我用錢請人來打他，使他知道天下女子不盡是可欺的。」至於和中統的組織關係，鄭蘋如始終矢口否認。事實證明，鄭蘋如被捕後，沒有出賣同志，保守了組織的機密，掩護了鋤奸小組的其他成員。其表現實為堅貞不屈、無可指責。

鄭蘋如被捕前後的表現更是可敬、可歎、可贊。然而由於各種原因，歷來對鄭被捕的經過，就有不同的版本。為去蕪存菁、撥亂反正，不妨擇其較有影響的數例作一個回放。

版本之一：刺丁失手後，行動組分散避匿，鄭蘋如躲進虹口，在第二天或第三天，按照中統上海站外勤嵇希宗的安排，鄭蘋如主動給丁默村掛電話，以觀察其反應。丁接電後，怒氣衝衝地說，「你計算我，趕快來自首，否則我殺你全家。」鄭蘋如馬上哭了起來，說自己都已嚇出病來，你還要冤枉我。電話那頭的丁默村一聽鄭哭了，立即改變語氣，對鄭安撫了一番，還約了再見的地點與日期。對於這個電話，鄭蘋如曾和鋤奸組領導人陳彬等反覆進行了研究，鄭蘋如不願意自己一走了之，而連累家裡的老父老母。更主要的是，鄭蘋如認為刺丁的任務沒有完成，於國於家都沒法交代。鄭自信買皮大衣完全是臨時提出的，量也抓不到事先預謀的破綻，所以她心存僥倖、抱著拼死一搏的決心，打算利用日本朋友、滬西日本憲兵分隊長藤野重新謀覓刺丁的機會。十二月二十五日，她給藤野打過電話後，突然闖到藤野控制的滬西分隊的一個聯絡點。但鄭蘋如萬萬沒有料到由於她長期與日本反戰人士的頻繁接觸，早已在日本特工機構的嚴密監控之下，包括鄭蘋如與丁默村會面的次數、地點，日本特高課皆已一一記錄在案，而這個所謂日本朋友藤野少佐，之所以為成為鄭蘋如的朋友，實際上也是受長官之命，藉接近她的機會進行監視。因此她想藉藤野的管道，來謀覓第二次刺丁行動的機會，無異於自投羅網。因為一開始鄭蘋如就誤入了敵方預設的伏擊圈，真可謂失之毫釐、謬之千里。藤野少佐的上級，當年的特高課課長林秀澄，在一九七四年三月三十日，接受口述歷史採訪時說，他接報鄭蘋如在藤野少佐的聯絡點裡時，就命令藤野拘捕她，同時林秀澄就立即到聯絡點來押解鄭蘋如，並在當日把鄭引渡給七十六號。

另一個版本出自台灣中調局的檔案記載，「丁逆出言如鄭烈士不自首，決格殺全家為脅。烈士自思如此情況，乃抱我不入地獄誰如地獄之決心，決親往滬西偽特工總部，再謀覓取機會……此去明知凶多吉少，烈士因行動被偽特力量所控制，卒於靜安寺路西段被吳逆世寶駕汽車綁去，監於七十六號。」

而《中統完全檔案》一書，從出版時間上看可算是最新文本，書中寫到：「鄭蘋如卻不甘心行動又失敗了，她心存僥倖，決定身入虎穴、孤身殺敵。於是她繼續與丁默村虛與委蛇，但暗中深藏一支勃朗寧手槍，準備伺機下手……第三天，當鄭蘋如驅車到七十六號要見丁默村時，就被丁的親信林之江扣住，關進七十六號的囚室。」

上述幾個文本在基本事實的認定方面大同小異。小異之處是誰最先出手拘捕了鄭蘋如，是特高課藤野少佐還是七十六號的吳世寶或七十六號的林之江，然而最後被囚禁在七十六號，這是一致的結論。還有一個文本，源出於鄭蘋如的妹妹鄭天心的口述，她說，「姐姐兜了幾個圈子回到家裡，姓丁的打電話到我家，讓姐姐去自首，說即使我放過你，我手下的人也不答應。結果姐姐就和姓嵇的和陳彬商量……姓嵇的告訴姐姐說你不要管，快逃走。姐姐說爸爸年紀大了，還有那麼一大家人，我不能走。陳彬就說，……我們裡面有人，說不定在裡面還能打死他（指丁）。我那時年紀小，在旁邊聽了，也不知道是不是危險，覺得跟演電影一樣。姐姐那時是抱著犧牲自己的精神決定去自首。」但鄭天心的文本沒有講清楚陳彬說的「我們裡面有人，說不定還能在裡面打死他」這句話中的裡面的人是誰？他又如何與鄭蘋如裡應外合？

鄭蘋如最後犧牲的經過，歷來眾說紛紜。在漢奸文人金雄白的筆下，鄭蘋如成了人皆可夫的淫婦，僅短短幾天，在七十六號的囚室中，便成功地色誘劊子手林之江。金雄白在書中寫道：「鄭蘋如真有本事，她對林之江（林於前數年在香港病逝），眉挑目語，獻盡殷勤，一再誘林相偕私逃。林事後告訴我，以鄭蘋如的煙視媚行，弄得他盪氣迴腸，曾幾度為之意動。」到刑場後，鄭蘋如繼續以色誘敵，跪著抱住劊子手們的腳，苦苦求饒，而劊子手們也在她面前心慈手軟、手顫心悸，下不了毒手，只得背過臉極不忍心地執行任務。這是對鄭蘋如的醜化，而另有幾個日本特工在回憶錄中，也抹黑鄭烈士的形象：比如晴氣也曾繪聲繪色地描述了鄭蘋如如何怕死，「不論是誰，抱著就求救，聲嘶力竭地哭叫『饒了我這次吧』，死死抓住車門不放。因無法把她帶到預定的地點，於是在沒有宣判的情況下，就地槍決了她。」必須特別提醒受眾注意的是，漢奸文人金雄白和那幾個醜化鄭蘋如的日本軍人，都沒有親歷現場。

據親歷處決現場的目擊者特高課長林秀澄一九七四年三月三十日口述如下。執刑時，由他監刑。那天，以去看電影為名，騙鄭蘋如上了車。鄭當時很高興，穿了一雙金色的靴子，刻意打扮了一下，還灑了點香水。旁邊坐著林之江和一個日本憲兵，經過繁華地段後，汽車駛向了郊外。當駛近刑場時，先已到達的林秀澄聽到了她的哭聲，顯然她已意識到是怎麼回事，林秀澄聽到她叫著，林先生、林先生，那是在叫林之江。到刑場後，兩個人將她架下車，她講了一些話，事後才知道她是在抗議。她說，「作為中國人，你們竟會幹出如此惡劣的勾當！」還要求「不要打我的臉，我不希望臉上有槍傷。」隨後按照對女犯行刑的規定，讓她坐在一個早已挖好的四方土坑前，按林秀澄十分肯定的說法是，「一直老老實實地坐著」，旋即向她作了宣判，並從後腦處開了槍。

與金雄白等道聽途說的傳聞相比，第一現場的目擊證人林秀澄的證言，自然最有可信度。在這位事件親歷者的回憶中，鄭蘋如在最後時刻怒斥漢奸後，慷慨就義的形象非常契合這位巾幗英雄的性格發展邏輯。

但是現在有不少沒有親歷過那段歷史的後輩，誤以為金雄白是當年僅存的目擊者，所以把金的文本當做信史來引證。比如有的作者甚至說，「金雄白的《汪政權的開場和收場》對鄭蘋如死難之事最後關節點有所陳述，最為可信。」（詳見伍立揚《〈色戒〉的史實關節》，刊於《中國經濟時報》二〇〇七年十月二十九日）可見金氏的胡編亂造誤導後輩，貽害無窮。其實只要閱讀金雄白的原著，就會發現有關鄭蘋如的敘事，漏洞百出。比如，連鄭蘋如的出生年份都沒有弄清楚，甚至把中統鋤奸組實施的刺丁案說成是奉軍統之命行事，張冠李戴，不一而足。就是這個金雄白，曾任南京《中央日報》採訪主任。一九三九年投靠汪精衛，任汪記國民黨中央政治委員會法制專門委員會副主委，日本投降後，金被江蘇省高等法院以「通謀敵國，圖謀反抗本國」的罪名，判處兩年半徒刑。刑滿後到香港，一九五四年開始煮字療饑，一九五七年《春秋》雜誌創刊之初，又用朱子家筆名撰寫長篇回憶錄《汪政權的開場與收場》近八十萬字，由於是最早敘說汪偽政權故事的人，吸引了不少讀者，一再加印，共印了八版。香港著名傳記作家寒山碧曾痛斥金的著作「自吹自擂，隱己之惡揚己之善」「除了厚顏無恥之外，我們實在找不到其他客氣一點的形容辭。」金在上述著作中，對鄭蘋如烈士惡意醜化。坊間一些歪曲鄭蘋如烈士的文本，毒源大多來自於這個金雄白（朱子家）。

令人憂慮的是，金氏的製假產品已經大批量的流入文化市場，所以在有關鄭蘋如的敘事中，肅清製假產品的流毒，是還原熱所必須跨越的一個坎。流毒一天不除，先烈的亡靈一天也得不到安寧。

二十五、沉默的家屬有話要說——為先烈正名歸位是全民族的集體責任

電影《色戒》在各方炒作下，掀起了軒然大波，由此引發的還原熱，其正面效應之一，就是使作為故事藍本的「刺丁案」和作為人物原型的中統諜報人員浮出水面。在普世公義大於黨派私利的現代社會，歷史已經確認：犧牲了三千多萬同胞的全民抗戰史，絕不是幾十年來主流話語的論述所能涵蓋的。不少抗日愛國志士的壯烈事蹟曾被意識形態偏見所抹殺，不少人甚至還被當做反面人物來看待，而這些英烈忠魂，正是我們民族賴以長存與發展的脊樑。對於修復被抹掉的記憶而言，「還原」熱的主流是健康的，但在一個大眾廣泛參與的公共平台上，魚龍混雜，在所難免。然而，不論出自什麼動機，對有名有姓的真人真事的任何歪曲誹謗，都是對先人的褻瀆和不敬。等於讓那些被敵人子彈射殺過一次的先烈，又被不負責的言論再謀殺一次。

當然，文藝作品可以憑想像來虛構、誇張，但「還原」熱的目標是真實的歷史，在這個場域內，容不得半點弄虛作假的「戲說」。把高風亮節的巾幗英雄「還原」成在床上以肉體交換情報的美女蛇，或者把出生入死的除奸英雄「懷疑」為叛徒內奸……。諸如此類的主觀臆想，實質上構成了對先烈名譽權的侵犯。

終於先烈的遺屬親人們出來說話了，遠在美國洛衫機東部哈仙達市老年公寓裡的鄭天如（鄭蘋如烈士的親妹妹），二〇〇七年九月十一日，在記者會上發表了《要還原歷史真相》的聲明：「因近日中港台各大報，皆有報導當年家姐鄭蘋如謀刺漢奸丁默村事件，並直指為電影《色・戒》的真實版，但戲劇畢竟是戲劇，以娛樂普羅大眾為主，有許多想像空間，並非真實人生；她本人屢受各界親友質疑，特此還原歷史真相，以澄清坊間

傳聞。」兩年以後，鄭蘋如的妹妹鄭天如女士，在二〇〇九年九月二十一日至二十三日，再次發聲——據香港和大陸網絡上流傳的文本（詳見本書附錄），她更強化了對鄭蘋如名譽權的維護，而且嚴厲批評了有關媒體的炒作。在這個文本中詳述了鄭天如所目擊的見聞，她以一個兒童的眼睛，還原了現實生活中真實的鄭蘋如。在提供這些難得的珍貴資料的同時，鄭天如又對與她姐姐並肩戰鬥的鋤奸組戰友作了不少主觀的點評，有時甚至口出不遜之言。也許在一竹竿打翻一船人的情緒支配下，她並沒有意識到所有愛國者的名譽權同樣也是不可輕易玷污的。鄭蘋如在獄中嚴守機密，不出賣組織，以寶貴的生命為代價，掩護了陳彬等戰友的安全轉移。鄭天如也許沒有意識到，對她姐姐的戰友們的傷害，實際上也是對她姐姐本人的大不敬。

終於，一向低調的「刺丁案」指揮人陳彬的遺屬陳維莉女士，忍無可忍地發聲了。

日前，筆者有幸獨家採訪陳彬遺屬——女兒陳維莉女士，在紅旗下長大的她，對父親的往事曾長期保持沉默，現在她終於盼來了民族大義高於黨派偏見的新時期，從各處打撈出來的殘缺碎片正在修復那被抹掉的記憶。當一張拼圖初現輪廓時，她為自己有這樣以身許國、殺身成仁的父親感到自豪。

她說，一九四三年父親離開蘇州之後，父女就再也沒有相聚過。因此對父親的印像只有童年的零星片段，而與之相依為命二十多年的母親（溫斐女士）的行狀卻記憶猶新。一九四九年後，因父親的關係，母親成為歷次運動的對象，記得一九五五年前後，時任惠民路小學教員的母親，不斷地寫材料，上級要她回憶交代父親及其同僚的情況，一九五七年以後，更是一遍又一遍地反覆寫材料。陳女士還記得她也曾為母親謄寫過那些材料，發現其中充斥著蔣汪時代的知名人物、高層人士的名字。家中有關父親的一切資料、與父親有任何一點聯繫的東西，都被迫上交。甚至連父親所有照片都被搜走。一九九七年初，收到父親老家《梅縣將帥錄》組稿人的來信，內附一張具名梅縣政協九屆文史委員會的徵稿啟事，在徵稿啟事的空白處，有一位叫王心靈的組稿人，寫下了一段簡短的附言，「陳彬：梅縣松源鎮案背村迪光樓人，是已入忠烈祠的將領，請其家屬認真提供生平和職位，及有關上述史料，如能供出書，是吾松源梅縣一大幸也。」可惜由於上述原因，父親的資料大概全在公安局檔案封存了，我們無法提供任何可供佐證的片言隻語，只能令徵稿人失望。一九九七年下半年，收到一冊由政協梅縣九屆文史委員會編印的《梅縣將帥錄》，在一三四頁上陳彬的條目裡，終於看到了父親的遺像，面對闊別半個多世紀的父親，不禁熱淚盈眶。當年，為接受新任務，父親與家人匆匆離別，想不到一別五十餘年，再見遺容，卻已天人永隔。

陳維莉女士在教育第一線辛勤耕耘多年，曾獲上海市三八紅旗手稱號，最後在上海某中學校長任上退休。那次見面時，她正在為小孫子寫一幅「天地君親師」的墨寶，那蒼勁有力的字跡，叫人很難相信出自一位溫柔敦厚的女性之手。也許，這得益於父親陳彬「書法遒勁」的遺傳因子吧。提起父親，她感概萬千地說，父親殉國那年，她不到五歲，與父親朝夕相處的日子加起來也不滿一兩年。但父親的身份、職業在那特殊的年代裡，幾乎是一個災難性的符號，給人以無法承受的重。然而，她卻坦然以一種哀而不傷的文化精神回顧歷史。她說，中日戰爭事關中華民族的生死存亡，終於置於死地而後生，中國活過來了。在民族矛盾和國共黨爭的交織下，先父用自己的熱血譜寫了盪氣迴腸的生命樂章。六十年風雲變幻，風水輪迴，眼下，國際上在中日友好，海峽兩岸更是破冰和尋根，你死我活的鐵血碰撞雖已成為歷史，但對每個受損的家庭、受害的個人來說，往事絕不會如煙般的輕鬆。這是一段忘不了、也不該忘的記憶。

促使她打破沉默的導火線，是最近讀到鄭蘋如妹妹鄭天如女士二〇〇九年九月口述、楊瑩整理的訪談錄。她指著用紅筆作記號的那段文字，念出原文：「我（按，指鄭天如女士）始終懷疑這個陳彬已經叛變了，他手下一個人的槍子彈卡住了，不能打，一個子彈全打在汽車上，這不可能嘛。一定會有一槍會打到人身上。」

「這是鄭天如的原話。」陳女士接著說：「鄭天如懷疑陳彬叛變的唯一根據就是槍手的武器發生故障，射擊時子彈卡住了不能打，以及另一位槍手的子彈沒有擊中丁默村本人等等。前者是武器常見的故障；至於後者，很多文本中都已反覆提到丁迅速躲入汽車後，子彈全被防彈玻璃擋住，自然無法擊中丁的身體。就連鄭天如本人在二〇〇七年九月十一日記者會上的聲明中，也提到：『丁默村坐上裝有防彈玻璃的汽車等等』，但兩年之後，到二〇〇九年九月，她對楊瑩的談話裡完全忘記了自己兩年前說過的話。誰都清楚，叛變這頂帽子的分量，在任何時候都是致命的。而在鄭天如女士的嘴裡，竟這樣不負責任地脫口而出，面對她指名道姓地亂潑髒水污水，如果還保持沉默，豈不愧對先輩？」

陳女士對筆者說，如果你有機會採訪鄭天如女士，我要送她一件禮物，就是先聖孔子的一句名言：「己所不欲，勿施於人。」鄭天如在批評許洪新的《一個女間諜》時，怒斥別人「胡說」、「瞎編」、「亂寫」、「太氣憤」、「太過份」、「太冤枉」等等，諸如此類的話，說了不下十多次。可見，她對自己認定的不實之詞，深惡痛絕，並召開記者會當場抗議。對於一位如此重視名譽權的人，理應像維護姐姐的名譽那樣維護其他愛國志士的名譽。現在她把個人的主觀臆測在公共空間裡脫口而出，這不僅是對被傷害者的不公，也是對曾與陳彬並肩戰鬥過的鄭蘋如的不敬。作為後人，我們為有這樣捨生報國的父親而自豪；作為後人，我們不僅是先輩生命的延續，更應是先烈留下的精神財富的直接傳承者。所以，維護先烈的名譽權，我們責無旁貸。我們做不到，再交給我們的下一代去做。

在最近一次談話中，對於維護先烈名譽權的議題，陳維莉女士似乎言猶未盡。她說，維護先烈的名譽權事關民族大義，非一家一姓之私事，而是全民族共同的集體責任。無論在美國還是上海，也無論各自的身份、地位、財產、文化有多大的落差，在討回公道、還先烈清白的普世公義面前，我們與鄭天如女士有平等的話語權，享有同樣的維權自由。但如果那種毫無根據的「主觀懷疑」也算「還原」，那麼，這已超出為親人討回清白的內涵，同時構成了對另一位先烈的褻瀆。

二十六、真相流失以後
——撥亂反正是對民族良知的拷問

幾年前，因李安導演的電影《色戒》上演而掀起的還原熱中，追溯到文藝作品的事件原型——即一九三九年十二月二十一日轟動上海的「刺丁案」，男女主人公丁默村、鄭蘋如隨即浮出水面，但刺丁案的另一主角，幕後英雄陳彬將軍的事蹟（電影中王力宏所扮演者之原型），卻鮮有披露，這是陳彬作為潛伏者的特殊身份所決定。一方面他們在第一線衝鋒陷陣、壯烈犧牲；另一方面，必須掩蓋自己的真實身份，不停地變換不同的面具，在極隱蔽的生存環境裡活動，作為無名英雄、幕後英雄，在慶祝勝利的日子裡，他們又無奈地成為被遺忘、或被抹掉的記憶。七十多年前，上海媒體在對刺丁案的報導中，只出現丁默村、鄭蘋如等活躍於前台的人物，從未提到過陳彬。那些精彩的諜戰現場的實景，為什麼竟會這樣無聲無息地流失？出生入死的英雄為什麼這樣輕易被埋沒？追根刨底，就不難發現除了上述所敘的間諜文化的詭異性之外，幾乎從每一樁被遺忘的真相中都會找到許多必然的、或偶然的元素，就以眼下陳彬的個案為例：

真相之所以會流失，不外乎來自內外兩方面的原因，意識形態專政下，國府情治系統被烙上了原罪的印章，對兩統人員抗戰業績的漠視，在特定的時代背景下，是無法避免的歷史必然；國府情治系統錯綜複雜的內部矛盾，則是真相流失的根本內因。外因是顯而易見的時代原因，隨著時代的進步，除罪化的落實並不困難。困難的倒是內因造成的傷害，冰凍三尺非一日之寒。

沉浸於民國史籍的論者都會有這樣一個共識：民國特工史既是一部國共之間你死我活的惡鬥史，更是一部國府情治系統內部勢不兩立的矛盾史。僅從國府特工系統的反反覆覆的機構變動、調整，就可以窺見老蔣為維持自己的地位所費心機之一斑：為制衡陳果夫、陳立夫的權力膨脹，就扶植戴笠們組織力行社、復興社；一九三八年新中統成立時，又扶植朱家驊摻進陳立夫、徐恩曾們的勢力範圍。總之，誰也不能跨越功高蓋主的底線。在權力制衡的鋼絲繩上，老蔣一直絞盡腦汁地搞平衡，而一些「真相」就在「平衡」中被蒸發了。朱家驊在老蔣力撐下，入主中統局，與陳立夫及其親信徐恩曾博弈，當權派與實權派旗鼓相當，卻也兩敗俱傷。

本書主人公陳彬一九三九年末臨危受命，從香港站少將站長調任至中將級的上海站站長之職、組織刺丁鋤奸行動、又奉命潛伏敵酋李士群身邊……到一九四五年五月刺殺日本華南派遣軍特務機關長柴山醇時壯烈犧牲於澳門等等，從時間點上分析，這一切都發生在朱家驊主政中統局的時段裡。當陳彬為國捐軀時，正值朱家驊離開中統，因此由朱一手提拔的陳彬的抗日事蹟當屬朱家驊「執政」時的陳年老賬，按照官場傳統的遊戲規則——一朝天子一朝臣，真相就這樣悄悄地流逝了，無聲無息地被深埋在歷史的河床之下。至於陳彬的諜海沉浮及其被無聲湮沒與朱家驊在中統局的上任和離任有何關聯，因為沒有確鑿的文書憑證，所以當下不敢過早地蓋棺論定。值得一提的倒是中統局這場內鬥的結局令人回味：一九四五年一月三十日老蔣親下手令「撤去徐恩曾本兼各職，永不錄用。」二月一日上午九時，即舉行離任的交接儀式；一九四五年五月，徐恩曾的國民黨中央委員一職也被落選。導致老蔣把徐恩曾一棍子打死的引爆雷管則是：徐恩曾及其前妻王素卿，利用徐兼任交通部次長的職務之便，在中印緬邊境走私，大發國難財，其劣跡被戴笠手下人贓俱獲後，戴又將材料轉交朱家驊，朱直報老蔣，於是徐恩曾在戴笠與朱家驊的夾擊下，徹底垮台。有意思的是，徐恩曾和朱家驊這一對冤家，幾乎同時離開了中統局，不同之處是，一方面徐恩曾被老蔣掃地出門，丟盡臉面；而另一方面朱家驊則是風風光光的另謀高就，一九四五年五月三日，朱連任國民黨中執委常務委員，七月三十日任行政院教育部長；

一九四九年到台灣後，朱家驊曾於一九五〇年二月十九日至三月一日以行政院副院長代行總統職權數十天，這是朱家驊官宦生涯的頂峰。而徐恩曾一九四九年也到台灣經商，一九八五年得以善終。但是即使在陳立夫、徐恩曾退出歷史舞台後，中統系統的主流話語權仍由陳、徐及其接班人們掌控，而被他們視為對立面的其他派系的諜戰業績，鮮有紀事，當然就不足為怪了。

我對流失的真相的追索，原先不過是緣起於一次偶然巧合所喚醒的記憶，但一接觸當年的各種資料，便沉浸於由無數懸念和疑團所匯成的書海之中。這時我方才明白，追索失落的真相，談何容易？必須跨越各種禁忌和禁區，首當其衝的就是國共兩黨幾十年爭鬥留下的後遺症。一九四九年以後，陳彬的中統身份在大陸自然成為敵方特工的原罪標記，在「千萬不要忘記階級鬥爭」的年代裡，對這原罪的妖魔化與污名化與日俱增，價值判斷體系的意識形態取向不僅為當事人烙上原罪的印記，而且還株連親屬，今天看來，絕對荒唐的「株連法」，在那個時代裡曾經是無可爭辯的社會共識，甚至堂而皇之地成為執法機構的定罪依據。陳彬遺屬的遭遇就是上世紀改朝換代的歷史變革中，千千萬萬受害者中的一例：陳彬夫人溫斐（一九一六～一九六一），原名溫華鳳，廣東梅縣蕉嶺客家人。就因為丈夫的中統身份而被開除公職，接著卻以無正常生活來源為名「勞動教養」，病死農場。在這樣的背景下，誰還敢追尋諜戰失落的真相？在對原罪避之不及的政治生態下，誰還會去辨正「刺丁案」的指揮人是張三還是李四？甚至在陳彬遺屬的家裡，一星半點有關陳彬的文字和影像資料都找不到，連那張國府頒發的烈士證書，也作為負面的證據而被迫上繳專政機關，至今尚未發還。在那樣的場景中，要追尋真相，其難度自然不言而喻。

幸而，在斷斷續續的取證過程中，從陳彬女兒陳維莉女士、從陳彬的戰友和老部下——同時也是當年諜戰現場的目擊者——那裡，以及其他渠道中搜集到了不少有關資訊，終於打撈出許多鮮為人知的記憶。雖然，量的積累過程相當漫長和艱辛，但由於「笨鳥先飛」般地堅持，終於巧遇一個偶然的機緣：前幾年《色戒》熱播所掀起的軒然大波中，激發了筆者寫作慾的噴發。首先可以斷定，不論李安的電影，還是張愛玲的小說，與事件原來面貌相去甚遠，但因為我的探索取向針對歷史層面的非虛構文本，所以《色戒》之類允許虛構誇張的文藝作品不是我的聚焦目標。而促使我必須深入下去的動因是：從歷史層面而言，當下的主流敘事中，至少有兩大盲區——其一，指揮者陳彬及其所領導的鋤奸小組在事件中所扮演的角色，一片空白；其二，就是李士群的真實身份。陳彬潛伏在李士群身邊，與魔鬼同行長達三年之久，所以他也是見證李士群原貌的目擊證人之一。這兩大盲區，實際上是互相交叉疊合的一大誤區。而七十年來，活躍在這個歷史盲區裡的冒功頂替者、張冠李戴者卻比比皆是。因此，修復這段被抹掉的真相，還原歷史原貌，當屬義不容辭。當《陳彬》等文在北京《傳記文學》等雜誌刊出後，陳維莉女士來信表達了長期積鬱在胸中的一個未解的結：那就是因為父親的中統身份給她母親及遺屬們所帶來的後遺症。陳家的遭遇並不是這一家一戶的個別偶然事例，而是在特定的歷史背景下，所有在大陸的國府抗日先烈及遺屬的共同經歷。故特把陳女士的來信全文摘錄於後。

建偉：你好！

今見北京《傳記文學》（二〇一一年八月號）刊登了你的紀實性傳記：《陳彬：「刺丁案」中一段被抹掉的真相》。看後，我熱淚盈眶、百感交集，你抱著為抗日戰史留下真實記憶的使命感，打撈了沉沒了七十年之久的歷史真相，為還原、修復戰鬥在敵後的抗日幕後英雄—陳彬烈士的形象，做了大量的資料搜集、查閱及有價值的整理工作，其精神讓我深深感動。我為曾有這樣一位在中華民族生死存亡的緊急關頭，捨棄個人安危、英勇抗敵、殺身成仁的父親感到自豪，也為他在兩岸破冰尋根的大環境下，父親的形象、名譽終於得到恢復、正名，感到慰籍。同時，我也不由自主地沉浸到因父親在抗戰期間的往事牽連，幾十年來，家庭、母親以及我個人種種不堪回首的遭遇。

記得年幼時，每年四月二十五日（父亡祭日），母親（溫斐）都會在家奠祭父親，家母告訴我們子女，父親陳彬是抗日烈士，須有烈士遺屬證，他在抗戰勝利前僅幾個月，被日本人殺害在澳門，我家曾領了幾年遺屬撫恤金。家母於一九四七年在上海國立惠民路小學任教師，後在霍山路小學任教。她同時肩負著我們幾個子女的讀書、生活養育重擔，但她自食其力，自感有一份受人尊敬的教師工作，是自立的女性，因此在四九年之後，雖然她的家族成員大多移居台灣或國外，而她拒絕了離開，選擇留在上海。在慶祝解放的那些日子裡，我們家因孩子多，生活清苦艱難，母親的健康一直欠佳，但學校也給了我們家庭生活補助，因此，母親的內心是快樂的，她努力勤奮地做好教學工作，受到學校師生的好評與尊重。可是自五四年之後，接連的政治運動將她這麼一個孤苦柔弱的女性，推到了風口浪尖，反反覆覆對她在抗戰期間僅有幾年和父親的共同生活進行審查，要她寫交代材料。雖然她當時只是名普通家庭婦女，並未在任何黨派政府機構任職，但由於父親的身份、地位特殊，她除了要寫個人交待，還要接受訊問、交代當年父親及其同僚的種種人和事。曾經有過多少日日夜夜、她苦思瞑想、甚至熬夜，也只挖掘檢查出她「曾為陳彬借過錢、剪過報」等作為夫婦間生活相聯繫的有限情況可作交代。那時，我剛入高中，為了病中的母親趕交材料，我也曾多次幫她謄寫材料，材料裡那些曾見過的名字，至今仍有記憶。可惜當時我尚年幼，對「八一三」事變後，上海淪陷區敵後地下戰線的種種風雲變幻、詭秘諜戰的複雜歷史背景知之甚少，因此當年抄寫過的文字、史實，在腦海中幾乎仍是空白，不能連成片斷。只記得當時我有些想不通：學校歷史課不是一直告訴我們，抗戰時期是第二次國共合作、抗日民族統一戰線時期。陳彬正是在此時此刻激於愛國熱情，投身抗日救亡，奉命潛伏於敵後，並為抗戰取得最後勝利，奉獻了他年輕的生命。難道就因為他是國民黨的情報人員，連他的妻子也錯了要檢討嗎？何況這些都是發生在國共合作共同抗日時期，如果家母當年真是「助了陳彬一臂之力」，也只能說是為抗日做了點工作而已。可此後家母厄運不斷。經過幾年的運動審查，五六年好不易盼到組織上審查結論「關於溫斐在一九四〇年間（約半年左右）曾幫助陳彬借錢，在家抄剪報紙等問題進行了審查，並作不予處理的組織結論」，溫斐本人也很感動。可是五八年春旋即又改變處理，虹口區教育局將溫斐開除教師公職，五八年十月虹口區公安局即以溫失業在家無生活出路為名，送溫去安徽至德農場勞動教養，六一年一月家母在安徽農場因饑餓病死。我們子女也未能見上最後一面。

父母的厄運，子女也難倖免。在史無前例的「文革」中，年僅二十五、六歲的我，被打成「反動家庭的孝子賢孫」，我被不明真相的學生遊鬥、批判、抄家，這幾年的生活成了我一生難忘的夢魘。

十一屆三中全會之後，我們終於盼來了對我母親問題的重新復查。但整個申訴、復查過程並不很順利。八二年四月下達了「對溫斐問題的復查決定」（八二虹公複勞字第一五一號），文中說明經復查「溫斐在一九五六年和一九五七年向組織作了交代，並作過不予處理的組織結論，後來未發現新的問題，再送勞動教養不妥，予以糾正。據此，撤銷一九五八年十月十四日對溫斐收容勞動教養的處分決定。」但「決定」中對溫斐的實際政治身份仍留有含糊不清的尾巴，我們家屬對此表達了不同意見。記得當時我曾多次向虹口區公安局、區委、靜安區政協等機構反映了我們的想法，說明陳彬的歷史問題，是在抗日戰爭時期，即第二次國共合作、抗日民族統一戰線期間，在這段時期的歷史問題，國家是有明確的政策界限的。我們據理力爭的努力終算沒有白費，展轉時至八七年，「決定書」最後再作了修改，說明「經復查，溫斐解放前係家庭婦女，未參加過任何黨派組織」，已做過不予處理的結論，「再送勞動教養不妥，予以糾正」等，同時恢復了家母的教職，並於八九年由小學黨支部對溫斐按政策批下喪葬費和撫恤金等，這一切對死者來說，雖然晚了些，多少也算是個安慰。由於我們家屬對「決定書」中，仍含有「溫因一般政歷問題被收容勞動教養」等語焉含混的說辭不滿，因此，直到如今我們子女也未去簽字領取過喪葬、撫恤金。

經三十多年的事過境遷，我也逐漸理解並明白，當年的中日戰事、民族矛盾、國共黨爭以及之後人們頭腦中的意識形態歧見、黨派立場的堅持等等造成的複雜交織局面，當年辦案人員的僵硬和思維方式是可以理解的，人們觀念的轉變也是有一個過程的。只是在那個特殊的年代，當年父親的身份、職業，對我們家屬後代來說，幾乎是一個災難性的符號，給人以無法承受的重。雖說，每個家庭和個人的沉浮，在巨大的歷史激流中，不過是一個小小的水花而已，但對每個受損的家庭和個人來說，它仍是一段忘不了的記憶，往事並不如煙般的輕鬆。

七十年的風雲變幻，終於有了兩岸逐漸破冰和解、求同存異的今天，盼來了民族大義高於黨派偏見的新時期，感謝你費心盡力地從各處打撈殘存碎片，修復了那幾乎被抹掉的記憶，為民族大義還歷史真相和先烈清白，也將我記憶中的陳彬烈士的殘存片斷，修復拼圖初見輪廓。我為自己有這樣為民族以身許國、殺身成仁的父親自豪。

祝

筆耕順利

維莉

二〇一一、八、十八

物換星移、天翻地覆、風水輪迴。當年在戰場上拼得你死我活的仇敵，已成為破冰尋根的兩岸一家親。當下國府抗日志士及其家屬曾經被原罪化的往事，似乎已離得很遠很遠，八〇後、九〇後的年輕人甚至不相信意識形態的偏見竟然可以具有如此可怕的殺傷力，然而不幸的是，陳女士信中所提及的往事，卻曾是當年普遍存在的常態，陳維莉信中所說的「文革」的遭遇，實際是中國大地上曾經上演過的荒誕劇中最醜陋、最恐怖的一幕，應由專文另論。最近《炎黃春秋》二〇一二年第二期上刊出的《血統論和大興八三一事件》一文以詳盡的數據資料對那血腥的反人類罪行進行了無情地揭露，令人觸目驚心。至於抗日英雄僅因國府人員的身份變成「反革命」的現象，在五〇、六〇年代的政治運動中屢見不鮮，傳媒最近披露的原中國遠征軍將士，被當成反革命而長期坐牢，就是最典型的案例。因此，陳彬的身份在那個年代裡作為一個災難的標記，而株連家屬，在當年並非是獨此一家的個案。所以，無需去申辯或理論陳彬夫人做了什麼或沒有做什麼，「剪了多少報刊、借了多少錢」，其實皆屬欲加之罪、何患無辭的羅織。因為在辦案人的眼裡，陳彬的身份就是他家屬獲罪的邏輯原點。

現在，歷史已經認定，對於所有為抗日戰爭拋頭顱、灑熱血的愛國志士，無論黨派、信仰，皆屬民族救亡的功臣，必須完全推翻意識形態偏見所強加在他們身上的「原罪」。在抗日戰爭六十周年之際，胡錦濤的講話以及為原遠征軍將士頒發抗日戰爭紀念章等等，似乎已透露出為國府抗日志士除罪化的曙光。曾經的受害個體期待有關部門對那些曾經支配他們一生命運的行政決定，作出合理的交代，這也是普通百姓的正常訴求。如果說為陳彬這樣為國捐軀者正名歸位，是全民族的共同責任，那麼為因先烈的政治身份而受株連的遺屬徹底平反，同樣也是全民族的共同責任。因為從普世意義上來說，重要的是對人的本體價值的尊重，然而現在有人刻意迴避這些往事，理由是：要「向前看」。其實所謂「向前看」，並不是冷漠地忘記過去，也不是改寫或改編歷史，更不是策略性地權術操弄，而是在懺悔意識的語境中，對民族良知的無情拷問。因為沒有嚴肅而又痛苦的集體反思，就不可能有真正的撥亂反正。

注釋

1. 有關季雲卿等漢奸被殺的情況，詳見黃美真等：《汪偽特工總部「七十六」號內幕》北京團結出版社二〇一〇年六月版第五二～五七頁。
2. 詳見佚名：《中國情報史上的「多面」袁殊》刊於《遼瀋晚報》二〇〇九年四月二十三日第八版。

附錄

一、記抗日烈士陳彬

溫啟民 著

按：《記抗日烈士陳彬》一文刊於台灣《廣東文獻》第二十卷第一期，該文發刊後，作者溫啟民先生就將樣稿和手稿一併交給陳彬的女兒陳維莉女士，該文資料來源於台北前中統局密檔。溫先生撰寫此文的初衷：一是為被遺忘的抗日烈士陳彬正名歸位；二為其胞妹溫斐女士（陳彬夫人）的不公遭遇呼籲。

陳彬又名彬昌，廣東梅縣松源堡人。生於民國元年，民國三十四年四月二十五日，被日本帝國主義華南派遣軍特務機關長肥厚，殘殺於澳門海面馬騮洲島上。陳氏生性聰穎，富膽識，對數理頗有造詣，書法猶勁。民國二十三年夏畢業於廣州國立中山大學理學院物理系，得理學士學位，原有志於發展科技，惟其時日本軍閥已侵佔東三省，繼又在上海製造一二八事變，全國同胞救亡圖存，風起雲湧，陳氏激於愛國熱情，即於廣州參加救國運動。畢業後赴南京中央黨部服務，旋隨四川省黨務特派員謝作民（注1）入川，從事基層救亡工作。二十五年調回香港，負責偵查日本特務及漢奸浪人侵略我國資料。二十六年七七盧溝橋事變爆發，全面抗日戰爭開始，全國同胞熱血沸騰奮起抗戰，但因我國防建設尚未完成，倉率迎戰，致平津京滬及東南沿海重要城市相繼淪陷。二十八年秋，抗戰正值重要關頭，號稱革命同志之汪精衛竟意志不堅，變節投日，由戰時首都重慶出走，至南京組織偽國民政府，替日本帝國主義者作鷹犬，因此陳氏於二十八年冬，奉命由香港調往上海主持地下工作。

陳氏到滬後，即深入敵偽組織，蒐集情報資料，供中央有關機關參考運用，並積極發動民眾除奸，以嚇阻漢奸活動。二十八年十二月初，決定以南京偽國民政府社會部長，兼特工總部長丁默村為對象，準備開始行動。後因是月十二日我區副區長張瑞京同志，被偽稅警總團副總團長熊劍東出賣為敵偽所綁，致工作暫告停頓，延至而十日計劃於鄭蘋如同志偕丁逆，至靜安寺西伯利亞皮貨公司，定製大衣時制裁。惜所定地點過於單純，鄭同志與丁逆進入該公司丁逆有所警覺，遂即取出百元鈔票付與櫃檯，並謂大衣做好送去潘三省宅，語畢即匆匆竄入停於門前之保險汽車，我方指揮人陳氏領導行動同志連發數槍，僅擊中丁逆車箱玻璃，未能將其狙殺，誠為可惜。案發後丁逆恐嚇鄭同志如不自首，決格殺其全家為要脅，鄭同志在此情況，自思我不入地獄誰入地獄，乃決心前往滬西七十六號偽特工總部投案，遂於二十九年二月慘遭偽府殺害。

鄭同志殉難後，敵偽雙方對我方工作同志均加緊出動追緝，加以汪偽政府成立時，在淪陷區吸收變節分子頗多，其中不乏與陳氏曾經同事或素識者，故陳氏至滬工作不久，即被汪偽組織發現，追蹤監視，而於三十年四月三十日深夜，汪偽政府會同上海日本憲兵隊，在公共租界成都路陳氏寓所，將陳氏暨其夫人溫斐女士和兩女逮捕，拘禁於滬西極司非爾路七十六號偽特工總部，在陳氏被捕後數月，其同事陳恩藩（係上海法政專科大學畢業）與陳永昌（係國立中山大學畢業）兩位，亦在法租界霞飛路被偽特工總部拘捕。後此兩位同志由偽特工總部派為無錫縣正副戰長，不久又被我忠義救國軍俘虜，幸當時陳氏內兄（注2）在中央工作，即轉知忠義救國軍釋放，並留在忠救軍效力，至三十四年抗戰勝利時，首先進入上海除奸肅諜，深具戲劇性。

陳氏被汪偽政府拘捕時年方三十歲，正值有為之年。中央為愛惜熱血青年才俊，即透過有關管道向偽府設法營救，並命陳氏暫時委曲，潛伏偽方以求後效。其時偽府社會部長丁默村及偽特工總部長兼江蘇省主席李士群，與陳氏均素識，並極欣賞陳氏才華，爭相延攬。但陳氏以李某所任偽職較能發揮作用。乃接受李某任用為江蘇省偽保安處保安團長，駐防蘇州附近。陳氏到職後對淪陷區反動分子均強力鎮壓，對善良百姓則時加撫輯，不忘抗日救國宗旨。至三十二年秋，日本帝國主義侵華戰爭已深陷泥淖，太平洋大戰又著著失敗，因此日對汪偽漢奸已失信心，而李士群則野心勃勃，儘量擴充勢力，日本特務機關對其早已深具戒心，後復接我方反間情報說李某立場不穩，乃決心排除李某肘腋之患。由日本上海憲兵隊特高課長岡村中佐出面，藉名替李士群與偽稅警總團副團長熊劍東化解誤會（總團長係由偽行政院長周佛海兼任），用毒藥將李某毒斃。李士群被殺後，陳氏所任偽保安團長亦被免職，所部繳機整編。其時原在山西作戰之國軍師長陳孝強，廣東蕉縣人，亦被俘留在偽府工作。適被派遣回廣東任偽師長，邀陳氏同回廣東發展，陳氏抵廣州後被如偽廣東省江防司令，陳氏接任後以本身無基本隊伍，乃積極聯絡抗日志士及偽軍，俾充實自己力量，準備策應國軍反攻，以求表現。因工作過度積極，早已引起日軍特務機關注意。至三十四年四月第二次世界大戰，德國及意大利均已相繼投降，唯日本尚苟延殘喘，拼命掙扎，適其華南派遣軍特務機關長柴山醇在澳門被我志士暗殺，日本軍閥乃在廣州，將我方留在偽府工作之中上級人員連陳氏共七人拘捕，當作人質，於三十四年四月二十五日，在澳門海面馬騮州島上一律槍斃。時距八月十四日日本帝國主義者無條件投降，尚不足四個月，殊堪痛悼！

陳氏回粵任偽江防司令時，其夫人溫斐女士為免陳氏顧慮，仍留居蘇州，迨抗戰勝利結束，陳氏久無消息，溫氏乃電請中央查詢下落。由中央致電軍事委員會廣州行營張發奎將軍調查，始悉上述日本軍閥慘無人道殘殺戰俘之暴行。廣州行營為安慰陳氏等七人遺族，特將日本華南派遣軍繼任特務機關長肥厚俘獲，依殘殺戰俘罪處刑，以慰抗日殉難烈士在天之靈。電覆中央由中央轉請國民政府，頒發陳氏遺族撫卹金拾年，子女就學讀書免費，併入祀抗日烈士紀念堂，以慰忠魂。

陳氏殉難時年僅三十四歲，遺一子四女均稚齡，其夫人溫斐女士（家名華鳳）母兼父職撫養長大，但三十八年政府播遷台灣，陳夫人仍留上海國民學校任教，被當地政府送安徽至德縣勞動教養改造，至五十年一月因不堪折磨，且不得溫飽，患水腫而死，屍骨無存，亦云慘矣！六十五年四月四人幫垮台後，當地政府開始平反冤案，拖延至四十年溫女士始獲平反，恢復名譽。但人死不能復生，恢復名譽又有何意義耶！

注釋

1. 謝作民（一八九九—？）廣東人，曾任廣東省僑務處處長；一九二九年二月十八日任國民政府特派南洋宣慰專員；曾任中國國民黨第四屆（一九三一年十一月）、第五屆（一九三五年十一月）、第六屆（一九四五年五月）中央委員會之候補委員。
2. 內兄即陳彬夫人溫斐女士的胞兄溫仲琦先生，有關溫仲琦資料詳見附錄二。

二、溫仲琦傳略

溫啟民　著

按：溫仲琦在朱家驊（一九三八年後兼任中統局長）的提攜下，為國民政府服務數十年如一日。溫仲琦始終奉朱家驊為自己的官場引路人與恩師。陳彬夫人溫斐，又名溫華鳳，是溫仲琦的親妹妹。陳彬通過溫啟民哥哥溫仲琦先生，與中統局長朱家驊等建立了熱線通道。陳彬隱蔽在李士群身邊三年間，這個通道不僅傳遞了重慶下達的各項命令指示，同時把敵方的核心機密、情報及時地向重慶彙報。通過這一通道，重慶有效地指揮著陳彬的地下活動，掌握著李士群集團的動向，李士群瞭解陳彬肩負的臥底使命，他通過陳彬向重慶國民政府一再「輸誠」，為自己預留出路。由於蔣介石受戴笠影響，而朱家驊又看蔣的臉色行事，所以一開始朱對李士群的投誠不以為然，後來，經過陳彬——溫啟民——溫仲琦——朱家驊這條管道的疏通後，朱家驊也轉變對李士群的態度。

溫仲琦以字行學名晉韓，廣東省蕉嶺縣（舊名鎮平）金沙鄉人，生於民國前十年清光緒二十七年（一九〇一），九月二十七日，歿於民國七十年，五月二十七日。在台灣省苗栗縣苗栗市寓所。父溫宗嶠字德庵。從稟生林岳東先生習儒業，年弱冠應鎮平縣及嘉應直棣州考試均高中案首（第一名）。州縣文名籍甚，咸認鄉會試連捷，拾取功名應無問題。詎是科適逢光緒維新，變法廢科舉，人皆惜之。後轉習新學鎮平縣簡易師範，學成在鎮平中學，及金沙鄉五全兩等小學九年制從事教育。仲琦五歲由父啟蒙，七歲隨父就讀五全小學。父督教甚嚴，除功課外並日讀論語、大學、中庸、孟子，以及書經、左傳、綱鑑易知錄等，厚殖國學基礎。十六歲入梅縣德國瑞巴色教會所辦樂育中學就讀，校長瑞士人萬寶全牧師，管教極嚴。該校預科一年，本科四年。除本國國文史地外，俱以德文教授，故學生能畢業者甚少。仲琦畢業後於民國十年考入國立北京大學經濟系，時北大德文系主任為朱家驊先生。念仲琦為樂育中學高材生，並悉其在校曾任學生會會長，及五四運動時梅縣學生會副會長，頗具領導才能。因介紹仲琦參加中國國民黨，在北京從事國民革命活動。民國十五年三月十八日，北京學生在天安門廣場舉行群眾大會，向臨時執政段祺瑞示威請願，當場被其警衛亂槍射殺四十七人，世稱三一八首都慘案。當時大會主席為朱家驊先生，溫氏亦追隨左右，事後北洋政府下令通緝。朱先生南下廣州向國民政府歸隊，溫氏則暫避日本武官佐佐木家得免於難，此日本特務操縱我國政局之手段於此可見。

民國十五年七月國民革命軍在廣州誓師北伐，軍事勝利節節推進，北洋政府對革命黨人搜捕甚急，溫氏乃奉朱先生召回廣州，任國民政府粵桂政治分會幹事，並在廣州省黨部任秘書。嗣受知於國民革命軍第四軍軍長兼廣東西區善後委員陳濟棠先生，任善後公署秘書。十八年陳濟棠任第八路軍總指揮，派溫氏為總政治部第三科長。時粵軍奉命截擊李宗仁張發奎由武漢回竄廣州，進駐廣西梧州。溫氏奉中央派任廣西省黨部整理委員兼宣傳處長。十九年春並奉命接任梧州民國日報社長，於是一身兼任第八路軍總部宣傳科長，廣西省黨部宣處長，及梧州民國日報社長三宣傳職責。二十年南京國民政府籌備結束訓政召開國民代表會議，被提名為廣西出席代表，已與桂省全部代表八人到達上海準備赴京出席。忽因中央扣留立法院長胡漢民先生事，粵桂合作抗議，並在廣州成立國民政府與南京中樞對抗，故兩廣代表均未出席，國民代表會議亦草草結束未有成果。因此導致日寇乘機發動九一八瀋陽事變，殊為不幸。……三十八年秋（一九四九年）廣州市政府升格為廣州特別市政府，中央特派李揚敬先生為首任特別市長，李市長並派溫氏為財政局長，兼廣州市稅捐稽徵處長。惜為時短暫，大局亦正無可為，但溫氏以一身兼任粵省財稅糧食機關五個職務，亦異數也。國民政府播遷台灣後，溫氏亦於四十一年挈眷抵台，定居苗栗縣苗栗市。……直至民國六十年始行退休，於七十年（一九八一年）壽終正寢。……（摘自台灣《廣東文獻》第二十一卷第一期）

三、中統和軍統

按：沉浸於民國史籍的論者都會有這樣一個共識：民國特工史既是一部國共之間你死我活的惡鬥史，更是一部國府情治系統內部勢不兩立的矛盾史。僅從國府特工系統的反反覆覆的機構變動、調整，就可以窺見老蔣為維持自己的地位所費心機之一斑：為制衡陳果夫、陳立夫的權力膨脹，就扶植戴笠們組織力行社、復興社；一九三八年新中統成立時，又扶植朱家驊摻進陳立夫、徐恩曾們的勢力範圍。總之，誰也不能跨越功高蓋主的底線。在權力制衡的鋼絲繩上，老蔣一直絞盡腦汁地搞平衡，而一些「真相」就在「平衡」中被蒸發了。

現將國府時期主要情治機關——中統和軍統的沿襲、流變資料附錄如下：

（一）關於中統

中國國民黨中央執行委員會調查統計局，簡稱中統。一九二七年，以ＣＣ派分子為骨幹，在中國國民黨中央組織部下成立了一個調查科，這是「中統局」的最前身。先後由陳立夫、張道藩、吳大鈞、葉秀峰、徐恩曾任科長。在各省、市中國國民黨黨部內設「調查股」。一九三二年，中央組織部調查科被擴編為特工總部。主任徐恩曾，對外仍稱調查科，在各省、市黨部內設特務室和羈押中共叛變人員的反省院。一九三五年，黨務調查科升格為黨務調查處，直屬於國民黨中央委員會，處長徐恩曾。一九三七年，黨務調查處併入軍事委員會調查統計局（即軍統）第一處（黨政處），仍由徐恩曾任處長，但一處實際上獨立於軍統（老軍統，前身為復興社）。抗日戰爭爆發後，蔣介石為緩和國民政府情報組織內部矛盾，提出「合力對外」。於一九三七年底，將特工總部與力行社特務處合併。一九三八年三月二十九日的國民黨臨時全國代表大會上，蔣介石提議設立中國國民黨中央執行委員會調查統計局，由陳立夫、陳焯任正、副局長。特工總部編為該局第一處，處長徐恩曾。但合併後矛盾劇並未平息，八月，蔣介石對軍事委員會調查局進行改組，將第一處改為國民黨中央執行委員會調查統計局（簡稱中統局）。調查局第一處擴為國民黨中央執行委員會調查統計局（中統），第二處擴為軍事委員會調查統計局（新軍統）。中統由國民黨中央黨部秘書長朱家驊兼任局長，但實際由副局長主持工作。一九四七年，中統改名為黨員通訊局（黨通局），由葉秀峰任局長，郭紫俊、季源溥任副局長。各大行政區辦事處改稱直屬通訊處，各省、市黨部調統室改稱黨員通訊組，為公開的情報機構。同時，在各省、市設立了秘密的情報組織，以區為單位，如瀋陽區、旅大區等。區下設分區、工作站（交通、聯絡站）、工作組（通訊組）。一九四九年改名為內政部調查局，劃歸內政部領導，簡稱內調局，但習慣上仍被稱為ＣＣ或中統。內調局隸屬國民政府行政院內政部，實際由國民黨中央控制。在一九四九年敗逃台灣前擔任過局長的有陳立夫、朱家驊；擔任過副局長的有徐恩曾、葉秀峰。

中統內設人事科、專員室、經濟調查處、交通處、統計處，以及一、二、三組（分別負責訓練、黨派、情報工作）。中統的設立依附於各級黨部機關，在各省、市黨部設調查統計室，市以下設專員負責的「調查統計股」，縣黨部內設調查幹事。中統負責除軍、憲、警等軍事部門之外的情報安全工作。中統的工作重心一是在黨政機關內部，二是打擊一切反對派政黨，尤其是共產黨。此外，對於社會輿論、思想言論也負有監控責任。（類似現在美國的ＦＢＩ）中統先後由朱家驊、葉秀峰任局長，徐恩曾、郭紫俊、顧建中任副局長。在各大行政區設有辦事處或特派員辦事處，在直轄市或重要城市設立區室，在各省黨部及鐵路、公路等特別黨部內設立調查統計室（簡稱省室，路室）。在省室或路室下設若干分區、工作站、工作團等。在分區、工作站、工作團下面還設有許多據點及調查員。

國民黨敗退台灣後，於一九五四年十月將內調局改組為「司法行政部」調查局，即為現台灣當局「法務部調查局」之前身。

（二）國民政府時期主要情報安全部門沿革

- 一九三八年八月～一九四七年，中統局。
- 一九三八年八月～一九四六年六月，軍統局。
- 一九四七年～一九四九年，中統局改為黨員通訊局。
- 一九四九年，黨員通訊局改為國民政府內政部調查局。
- 一九四六年六月，軍統主體改為國防部保密局。
- 一九四六年六月，部分軍統部門併入國防部二廳，二廳亦負責部分情報安全工作。

（三）中統內部人員分工

中統局的人員分工大致有四種：

1. 調查工作人員（簡稱調工）；
2. 特種情報工作人員簡稱特情人員；

3. 黨員調查網（簡稱CC黨網，又稱黨員通訊網），是在中國國民黨黨內進行防共和監視其內部人員的監察人員；

4. 通訊員，是中統局在各機關、學校、企業內部發展的工作人員。

（四）中統與軍統的區別

中統是國民黨黨中央的情報機構。

軍統是國民政府軍事委員會的情報機構。

中統：「中國國民黨中央執行委員會調查統計局」的簡稱。國民黨CC系陳果夫、陳立夫所控制的全國性特務組織。中統的前身是由CC系分子所組成的國民黨中央組織委員會黨務調查處。一九三七年，黨務調查處併入軍事委員會調查統計局第一處，由CC系分子徐恩曾任處長。一九三八年三月，在國民黨臨時全國代表大會上，經蔣介石提議，以軍事委員會調查統計局第一處為基礎，成立中國國民黨中央執行委員會調查統計局，中統由此正式形成。

中統以各級國民黨黨部為活動基地，在省市黨部設調查統計室，在省以下黨部設專人負責「調查統計」，在文化團體和大專院校、重點中學廣泛建立了「黨員調查網」，進行各種反革命特務破壞活動。

軍統：「國民政府軍事委員會調查統計局」的簡稱，國民黨統治集團為維護其統治而設立的特務組織。一九三八年八月成立。前身是「軍事委員會密查組」（一九二七年建）、復興社特務處（一九三二年四月建）、軍事委員會調查統計局第二處（一九三七年建）。主要負責人為戴笠。軍統局內勤組織共有八處、六室、一所；外勤組織在各大城市設「區」，在各省設「站」，在一些重要城市設「特別班」。其基本組織為「組」及直屬情報人員。特工人員最多時近五萬名，分佈到國民黨的軍隊、警察、行政機關、交通運輸機構，乃至駐外使領館。

在四〇年代以前，中統的勢力非常大，因為實際上國民黨的各級基層黨組織，都是中統的特務網延伸。許多基層黨部的負責人，本身就是中統的基層負責人。

抗戰以後，由於國民黨的情報工作對象有所改變，從以對付中國共產黨向對付日本侵略轉變，因此中統的地位開始下降，而軍統的地位不斷提升。同時，由於大片國土淪陷，中統的組織系統嚴重破壞，而其又不能及時的聯絡這些基層組織，逐漸為軍統所取代。

加之軍統頭子戴笠對蔣有知遇之恩和師生之情，對蔣言聽計從。而中統主要為國民黨CC系的大老陳立夫、陳果夫哥倆所掌握，在人事上蔣不能直接控制，也逐漸失去了蔣的扶持。到了國民黨退台後，中統實際上已經喪失了全部組織系統。而軍統的組織系統倒是得以保存和發展。

由於中統與軍統在爭奪秘密工作的主導權上，進行了長期的明爭暗鬥，雙方的合作非常有限。

（五）中統與軍統的演變歷程——頻繁的機構變動

一九二八年初，國民黨在中央組織部中設立專職情報的「黨務調查科」，此時，軍隊系統也有「參謀本部第二廳」，負責軍事諜報與電訊偵測；一九三一年，「中華民族復興社」（又稱「藍衣社」）的秘密核心組織「力行社」下設「特務處」，從事情報暗殺活動。一九三二年，黨務調查科擴充為「特工總部」，一九三五年改組為「黨務調查處」。

一九三七年四月，徐恩曾負責的「黨務調查處」與戴笠負責的「力行社」合併為「國民政府軍事委員會調查統計局」，由陳立夫任局長；原調查處為一處負責黨務，仍由徐恩曾任處長；原力行社為二處負責特務，仍屬戴笠管理。可以看出，初創階段的國民黨特務機關，組織機構變動相當頻繁。

一九三七年七七事變全國抗戰，一九三八年初國共達成合作，隨著國共第二次合作的形成和抗日戰爭的不斷深入，共產黨在國統區由完全秘密轉為公開；人民的抗日愛國運動亦日益高漲。一九三八年春，為了防止日諜漢奸活動，提高工作效率，增強抗戰力量，在三月二十九日召開的國民黨臨時全國代表大會上決定把原有的國民政府軍事委員會調查統計局改組，擴大成為三個公開的特務組織：

1. 以第一處為基礎，建立隸屬中央黨部秘書處的國民黨中央執行委員會調查統計局（簡稱中統或中統局），局長由國民黨中央秘書長朱家驊兼任，徐恩曾任副局長，由徐負責日常實際工作。

2. 第二處擴大為隸屬軍事委員會辦公廳的軍事委員會調查統計局（簡稱軍統），首任局長由陳立夫兼任，戴笠任副局長。這個局簡稱「軍統」。

3. 隸屬軍事委員會辦公廳的特檢處（主管郵電檢查）。

中統局的全稱為國民黨中央執行委員會調查統計局，是抗日戰爭時期發展起來的國民黨特務機關。中統局在國民黨各省、市、縣黨部都有有分支機搆，以黨政機關、文化團體和大中學校為活動重點，特務活動遍及全國。

中統局特務組織的原始機構是國民黨中央組織部內的黨務調查科，它成立於一九二八年二月。在一九二八年——一九三一年這段時間內，陳立夫、張道藩、吳大鈞、葉秀峰、徐恩曾先後擔任調查科主任一職。一九三〇年徐恩曾繼任後，開始了他對中統特務系統長達十五年的直接領導，直到一九四五年二月，蔣介石突然下手令，免去他「本兼各職，永不錄用」，由葉秀峰繼任。

調查科最初分設採訪、整理兩個股，各設總幹事一人，下設幹事、助理幹事若干人。一九三〇年夏為了加強對付共產黨的力量，調查科內又增設了一個「特務組」，除一般特務活動仍由採訪股負責外，舉凡對共產黨的調查研究、密謀策劃以及被認為屬於最機密的情報搜集、破壞指導統由該組負責。該組的負責人由調查科採訪股的得力幹事顧建中擔任。一九三〇年夏，該科也增設了一個「言文組」，其任務是負責搜集各省市的報章雜誌、各種進步刊物以及國外的華文刊物，分門別類加以剪貼，逐日送科主任轉部長參閱。該組由整理股幹事劉清源負責。一九三二年秘密成立「特工總部」，地點設在南京道署街今瞻園路一三二號瞻園內。該部迄一九三八年撤銷之時止，前後共七年時間。特工總部是一個完全秘密的組織。它成立後即在各省、市、縣和國民黨特別黨部內陸續建立了下屬機構「特務室」，在上海、南京等重要地方還設立了秘密「行動區」。

一九三四年，蔣介石為統一特務組織，在國民政府軍事委員會內設立調查統計局（這與後來以戴笠為首的軍事委員會調查統計局是兩碼事），以賀耀祖為局長，陳立夫為副局長，下設三個處：一處為黨務處，徐恩曾任處長；二處為軍警處，戴笠任處長；三處為郵電檢查處，丁默村任處長。一九三五年，國民黨中央機關擴編，黨務調查科改為國民黨中央組織委員會黨務調查處。調查科和黨務調查處均設於南京丁家橋國民黨中央黨部大樓內，在二樓西南角兩間房子內辦公。

中國國民黨中央執行委員會調查統計局於一九三八年成立，至一九四七年前後歷時九年。中統局開始設於湖北漢口的黄陂路，後遷到重慶儲奇門藥材公會大樓樓上。一九三九年七月始遷到中山二路川東師範。一九四六年遷到南京道署街（即今瞻園路）。中統局成立後，原特工總部宣告結束。

一九四七年四月中統局改頭換面，歷稱中央黨員通訊局（簡稱黨通局）。

一九四九年二月，國民政府黨通局劃歸內政部領導，改稱內政部調查局，簡稱內調局。

國民政府敗退台灣後，於一九五四年十月，又將內調局改組為司法行政部調查局。

軍統是「國民政府軍事委員會調查統計局」的簡稱。一九三八年八月成立。

軍統前身是「軍事委員會密查組」（一九二七年）、復興社特務處（一九三二年四月）、軍事委員會調查統計局第二處（一九三七年）。主要負責人為戴笠。軍統局內勤組織有軍事情報、黨政情報、電訊、警務、懲戒、訓練和策反等八處、六室、一所；外勤組織在各在城市設「區」，在各省設「站」，在一些重要城市「特別班」。其基本組織為「組」及直屬情報人員。

當年「軍統局」特務，一方面進行反共活動，另一方面，軍統特務在抗日戰爭時期深入淪陷區，製造針對日軍的恐怖活動，打擊日本侵略者和漢奸。

一九四六年戴笠乘坐飛機失事死後，軍統局進行改組，其公開特務武裝部分與軍委會軍令部二廳合併為國防部第二廳，由鄭介民任廳長；軍統局的正式名稱亦改為國防部保密局，毛人鳳為局長。專責保密防諜工作，確保國家安全。

一九四九年，軍統主要機構撤至台灣。一九五〇年，保密局恢復正式編組，於台北士林芝山岩設立局本部，以持續執行國內保防工作及情報搜集。

一九五五年，情報機構改制。保密局改組為國防部情報局，專責執行戰略預警情報搜集、研整之任務。保防偵查等業務撥歸「司法行政部調查局」接管。

一九八四年發生江南案，當時之情報局長汪希苓亦被捕入獄，情報局再次大改組。一九八五年七月一日，情報局與國防部特種情報室並編成立軍事情報局，隸屬國防部參謀本部，受參謀總長直接指揮。其總部在台北陽明山下的芝山，設有情報學校訓練間諜，軍方內部稱該處為山竹營區。

四、朱家驊及中統的內鬥

按：學者型的官僚朱家驊（一八九三～一九六三）字騮先、湘麟，浙江湖州人，中國教育界、學術界的泰斗、外交界的耆宿，中國近代地質學的奠基人、中國現代化的先驅，然以其特出的聰明才智和過人的精力，擔當過教育、學術、政府、政黨等多項重要職務，與中國政局的演變有密不可分的關係，影響現代中國甚巨。朱家驊曾是中統負責人，二十世紀二〇年代至四〇年代中德關係的重要人物。朱家驊在一九三八年的國府情治系統新一輪的大調整中，以中央黨部秘書長的身份兼任中統局長，成為老蔣制衡謀略中的一個重要角色，同時也不可避免的地捲入了中統局內鬥的漩渦中心。本書之所以在附錄中不厭其煩地摘錄這場內鬥的場景，是因為本書主人公陳彬的妻兄溫仲琦先生，早年在北大師從朱家驊教授，追隨左右，並奉朱為其恩師和官場引路人。而陳彬一九三九年末臨危受命，從香港站少將站長調任至中將級的上海站站長之職、組織刺丁鋤奸行動、又奉命潛伏敵酋李士群身邊……到一九四五年五月刺殺日本華南派遣軍特務機關長柴山醇時壯烈犧牲於澳門等等，從時間點上分析，這一切都發生在朱家驊主政中統局的時段裡。

朱家驊，字騮先，浙江吳興人，與陳果夫、陳立夫都是的吳興小老鄉。他曾任北京大學地質系教授。一九二六年戴季陶任廣州中山大學校長時，把朱家驊請到廣州，推舉他為副校長，以後升任校長。南京政府建立後，朱曾出任中央大學校長、教育部長和交通部長。

朱家驊和二陳的關係本來不錯，都屬於CC派的人。朱家驊與二陳是同輩，他同二陳的關係不是類似於張厲生、張道藩、余井塘等人居於二陳之下的隸屬關係，因此有人稱朱家驊是半個CC派。朱家驊與戴季陶關係密切，而戴季陶是蔣介石的盟兄弟，他說話在蔣介石心目中占地方，二陳因此想拉攏朱家驊，主動靠近，自然拉近了彼此的關係。從朱家驊角度看，他與二陳是同鄉，而且CC派的勢力很大，他又沒有自己的隊伍，處理好與二陳的關係對自己也很有利。基於這樣的因由，朱家驊與二陳起初相處得很和諧、很密切。

一九三一年朱家驊擔任交通部長時，他給ＣＣ派的大將張道藩安置了交通次長的職位，二陳對朱有什麼要求，都通過張道藩向朱提出，基本上可以說是有求必應。抗戰開始後，朱家驊還是緊緊地靠攏著軍委會第六部部長陳立夫，ＣＣ高級分子在第六部聚會商議重要問題時，朱家驊基本上都被邀參加，陳果夫、陳立夫對朱說話，既不像對外人，也不像對部下，既尊敬又親切，口口聲聲稱「騮先」。

一九三八年三月，國民黨在武漢召開了臨時全國代表大會，在這次會議上，蔣介石當選國民黨總裁，汪精衛當選副總裁。表面上看，蔣汪已結束了黨權之爭，但實際情況，遠非如此。汪精衛對選舉結果不滿意，在他的頭腦裡，總裁的位置應該給他。蔣介石雖如願以償，但對汪仍不放心。在這種情況下，戴季陶給蔣介石出了個主意：將國民黨中央秘書處秘書長提高一級，改稱中央秘書長，居於國民黨中央各部部長之上，其地位僅次於總裁、副總裁；為使中央秘書長有執行的能力，使之兼任國民黨中央調查統計局局長。

秘書長提格後主持中央黨部工作，目的顯然是為了架空副總裁汪精衛。精力充沛、幹勁十足的朱家驊不僅架空了汪精衛，在中央大權獨攬，而且不想再當二陳的附庸，開始網絡親信，建立自己的體系。

他還將手伸向了地方，他把屬於中央組織部職權的淪陷區和戰區的東北、華北、江南各省黨部人事、經費全部攬在手中，由他選派委員，發放經費。朱的特種經濟處處長陳介生故意不聽徐恩曾的指揮，徐則派人扣押陳，陳不得已辭職。這件事使得朱徐矛盾達到頂點。此後徐提出的文件、報告，朱不審批，徐推薦的人，朱不同意，卻安排自己的人頂缺。

朱家驊要將二陳控制的中統據為己有，引起了二陳的不滿，他們開始想辦法趕走朱家驊。一九三九年十一月，國民黨五屆三中全會召開，陳果夫推薦朱出任國民黨中央組織部長，本想朱不擔任中央秘書長，也就不在兼任中統局局長了，不料，朱家驊離開中央秘書長的職位後，還賴著中統局長不辭。這樣，朱家驊仍舊兼任中統局長。由於在朱家驊和徐恩曾爭奪中統控制權的鬥爭中，二陳偏袒徐恩曾，終於引發了朱家驊和二陳矛盾的公開化，他在出任組織部長後，全力和二陳作對。

朱家驊接任後，在人事上，朱家驊對外結三青團為奧援，內部將丁惟汾的三民主義大同盟分子、改組派遺留成員，以及少數胡漢民派分子，一併收攬，唯獨對CC分子大加清洗。陳果夫看到此種情形，不知道朱的後面有蔣介石的默許和戴季陶的支持，對受了排擠的CC分子大發牢騷：「朱騮先太不像話，怎麼單對我們的人開刀。而我們人中也有些失節之徒跑到朱家，真是人心大變」。朱家驊的反CC陣營諸如「大同盟」、「改組派」分子，長期被CC分子在各地壓得抬不起頭，這次有朱家驊撐腰，立即反攻，無論在什麼地方，什麼部門，朱家驊派和CC分子互不相容。朱家驊收攬人才，不管過去和自己的關係如何，只要現在幫助自己反CC，一併收入，甚至對被他取代的張厲生手下人員，也企圖拉為己用。

一九四四年，蔣介石準備召開國民黨第六次全國代表大會，因陳果夫包辦歷次全國代表大會有經驗，蔣介石叫朱家驊將國民黨中央組織部部長職位讓給陳果夫，不久，陳果夫因肺結核病重，不能再擔任組織部長，改由陳立夫擔任，朱家驊改任原由陳立夫擔任的教育部長。於是，雙方爭鬥再次激烈起來。陳立夫將朱家驊安置在組織部的人大批趕走，朱家驊則在教育部清洗二陳的爪牙。一九四五年五月，國民黨第六次全國代表大會選舉中央委員時，朱家驊系與中華復興社分子聯合向CC派爭中委名額，雙方針鋒相對，寸步不讓，吵得熱火朝天，以至每次會議，蔣介石都被鬧得頭昏腦脹。有一次，蔣在中央黨部紀念周上大發脾氣，訓斥說：「現在有些人一天到晚互相吵鬧，我看鬧垮了，還鬧什麼。」除組織和教育系統外，二陳與朱家驊爭奪的第三個部門是中統。本來，朱家驊兼任中統局長，徐恩為副局長主持工作，負實際責任。可是朱家驊卻不滿意空頭局長的名義，而要名實相符，真抓實管。實際上，二陳和朱家驊的衝突，首先就發生在誰控制中統的問題上。

朱家驊本來是沒有自己的班底的，出任中央秘書長以後，由於有組織部長張厲生在，也不好立即招兵買馬。由於中統是組織嚴密，頗有實力的全國性特務組織，而朱又兼任中統局長，所以他建立自己基本班底的主意首先便打在了中統局上。對徐恩曾來說，他一下子多了個婆婆朱家驊，儘管朱也是CC線上的人，但徐心懷恐懼，怕朱家驊真的行使起局長職權來。徐恩曾雖心懷疑懼，但對二陳來說，由朱兼任中統局長也未嘗不可，朱畢竟和二陳頗有淵源，而且朱這時在國民黨內很受歡迎，二陳人緣不好，在好多地方有用得著朱這樣的人物去緩衝一下摩擦衝突的需要，所以對他進入中統相當歡迎，沒有完全把他當作僅有空名的局長看待。這樣，朱家驊便以自己自願，徐恩曾無奈，二陳支持的背景像模像樣地當起了中統局長。

在國民政府的大批機構由武漢遷往重慶時，朱家驊到重慶後，徐恩曾還未到。朱家驊在重慶找不到中統局的行蹤，便在重慶連電催徐恩曾，叫他立即率人趕往重慶。徐恩曾復電說，中統局的人大部分在武漢、衡陽，路途遙遠，交通困難，短時間不能趕到重慶。朱家驊便跳著腳大罵徐恩曾混蛋，並獨自作主，安排一些自己的學生或在中統局不受重視的人。徐恩曾到重慶後，看到這種情況，非常惱火，卻也無可奈何。接著，發生了讓徐恩曾更為惱火的事。原「特工總部」主任秘書濮孟九外調，濮前腳剛走，朱馬上以「中央秘書處」的名義推薦他的親信劉次蕭接替。何培榮是朱家驊任浙江省民政廳長兼杭州警官學校校長時的學生，當時戴笠任該校政治特派員，何在校時就加入了戴的特務組織，朱家驊喜歡何，便讓他出任了中統四川省調查室主任。此外，局內的處長，專員室級別較高的專員，由朱家驊任命的也超過一半以上。朱又控制著中統的經費，沒有朱的批准，經費就拿不到手。對此，徐恩曾只能忍氣吞聲，朱的人做處長，徐的人就做副處長，處處讓著朱。徐恩曾雖表面上還忍得住，但徐原來手下的嘍囉們卻忍不住了，他們想出種種辦法，給朱派來的人和朱難堪。朱的人多是新來乍到，並不懂中統局的業務，所以有時遇上問題，就得向徐的人請教，但徐的人往往持不買帳的態度，有時還反問對方：「你是領導，為什麼問我們。」有的乾脆消極怠工，躺倒不幹。朱家驊為籠絡人心，緩和與徐的手下的矛盾，於一九四〇年春通知給全體人員發委任狀，明確任職，在徐的支持下，徐的手下人串通一氣，「不予接受」，弄得朱家驊十分難堪，最後還是拉上了徐恩曾，由徐多方做工作，徐的手下人才勉強接受。以後，徐派人員又多次對朱發難，朱徐的矛盾越來越深。朱家驊召集中統開會，他在台上準備講話，不料下面卻有人喊：「台上的人是誰呀，怎麼不認識呀！」弄得朱家驊很是尷尬。此後，他派劉次簫充該局主任秘書，核實重要文件情報，按時向他彙報，又派專員高越天，拿著他的圖章在文件上蓋章，幫他出了較大的事務，故意將常務副局長徐恩曾拋在一邊。

朱家驊和徐恩曾的爭權從未停止過，為了壯大自己的聲勢，徐恩曾保薦自己的親信顧連中為副局長，而朱家驊也從陝西調來了陝西省黨部書記長郭紫峻為副局長。這樣，朱家驊和徐恩曾二人的爭奪，就變成了以朱、郭為一方，徐、顧為另一方的四人爭奪。一九四四年，朱家驊離開組織部長職位，出任教育部長。郭紫峻失去後台，不得不向徐恩曾屈服。可徐恩曾窮追不捨，仍要痛打喪家犬，逼得郭紫峻走投無路，便向戴笠通報了徐恩曾走私和貪污的情況，戴立即行動，人贓俱獲，並馬上上報蔣介石。蔣介石對徐恩曾行動不力早已不滿，藉此機會立即下令免去徐本兼各職，「永不錄用」。當徐走私貪污，人贓俱獲時，朱家驊也趁機落井下石，向蔣彙報了徐的種種非法行徑。這樣，徐恩曾便在軍統和朱家驊的聯合夾擊下倒了台。

朱家驊與二陳的鬥爭並沒因徐恩曾的倒台而稍息，雙方仍在討好蔣介石，詆毀對方。一九四六年，是蔣介石六十大壽，朱家驊為了討好蔣介石，發動各大學特別黨部湊錢鑄了九個鼎，準備在蔣介石壽辰之日，獻鼎祝壽。在未發起鑄鼎祝壽一事之前，朱曾簽呈蔣介石請示，蔣表示默許。等到鼎已鑄好，預備在祝壽大會上獻給蔣時，ＣＣ派到處聲言，說向蔣獻九鼎是把蔣比成皇帝。此事被美國報紙披露，說是蔣介石要當皇帝，弄得蔣介石沒法下台，只得把一腔怒氣撒到朱家驊身上，在大會上痛罵了朱家驊一頓，朱被弄得狼狽異常。但事後，蔣介石並未再向朱家驊追究鑄鼎的責任，朱的教育部長也原官照當。朱家驊與二陳也就仍舊苦鬥不已。

朱家驊自立門戶是ＣＣ派的一次內鬨。不過朱家驊的人馬是以他在中大任校長時的學生和在廣東、浙江及交通部的一些屬下為基礎，又收羅了一些不得志的各派系成員，其派系基礎不牢固，與蔣介石的關係也不如CC派密切，更沒有楊永泰的才能，而且他的德國背景也不如英美日的背景有力。他沒有能力搞垮CC派，也就必然被CC派搞垮了。到一九四八年時，已經門廳落落，到台灣後已經離開蔣介石的政治圈子，在生活上也十分潦倒窮困，一九五三年因病住院連醫藥費都付不起。朱家驊與CC的鬥爭僅有幾年的時間，而他門間的敵意卻延續了幾十年。

（本篇文章來源：http://www.qianlonggu.com/html/qitazawen/200906/16178.html）

五、蘇聯間諜武田毅雄

按：武田毅雄是蘇軍總參謀部情報總局安插在日軍內部的紅色鼴鼠，為反法西斯戰爭的勝利建立了不朽功勳，李士群就是武田毅雄情報小組的核心成員。李士群從中尉到部長的奇跡般的飆升，武田毅雄的幕後操作起了關鍵作用。武田毅雄情報網暴露後，李士群即被日方秘密處死。以下資料僅供參考。

武田毅雄，中日混血，原名王毅雄，一九〇四年四月二十八日出生於中國遼寧旅順，一九一五年隨全家遷入日本岩手縣定居，加入日本國籍改名武田毅雄。一九二二年十月東京陸軍士官學校步兵科第三十二期畢業，從此進入日本軍界，歷任參謀本部高級參謀、班長、「支那派遣軍」課長、總參謀副長、十七師團三十八旅日本關東軍團旅團長、關東軍課長、總參謀副長。在粉碎德國和日本納粹企圖兩次針對蘇聯精神領袖史達林的刺殺行動中起到決定性的作用。

一九二九年加入中國共產黨，一九三四年在共產國際中國代表團恢復組織關係，後參加蘇軍總參偵察總局工作，代號影子，同年轉為聯共（布）。他領導的「捷列金」小組，是二戰中與「拉姆紮」齊名的著名情報小組，他在日軍核心部門戰鬥了十四個春秋，為世界反法西斯戰爭建立了不朽的功績。一九四五年二月七日在視察關東軍第一國境陣地（東寧要塞）邊境防務時失蹤……

一九四五年十二月又神秘出現，以舒密特的身份進入美軍駐日本司令部擔任東亞情報研究室主任。一九五〇年～一九五三年為朝鮮戰爭的勝利建立了卓越功勳。

一九五四年冬，又再次失蹤……

一九六四年，十一月七日，在武田毅雄失蹤十年後，蘇聯最高蘇維埃主席團追授蘇軍上校安德烈（武田毅雄）「蘇聯英雄」的光榮稱號，表彰他為世界反法西斯戰爭和捍衛社會主義陣營的利益做出的傑出貢獻。

相關事件

以武田毅雄的事蹟改編的《與陰謀者同行》這部作品裡涉及了一系列驚心動魄、撲朔迷離的重大事件：

1. 一九三七年忻口戰役期間，傅作義率國民黨軍三十五軍奇襲日軍第五師團的指揮部，幾乎活捉第五師團長阪垣征四郎，又忽然撤兵蹊蹺事件。
2. 一九三八年六月，蘇聯內務人民委員部遠東地區部長格利希・薩莫伊洛維奇・留希科夫將軍叛逃到偽滿洲國神秘事件。
3. 一九三九年一月哈爾濱特務機關和關東軍第二課訓練白俄潛入蘇聯索契，刺殺史達林的「獵熊計劃」。
4. 一九三九年十二月～一九四〇年初，日本陸軍參謀部二部派駐香港的特工與國民黨代表宋子良為日蔣秘密接觸所開展的「桐工作」內幕。
5. 一九四〇年六月，日軍華北五省特務機關長吉川貞佐少將在開封被刺案。
6. 一九四一年十月在東京確定南進策略的《御前會議記錄》洩密事件。
7. 一九四一年太平洋戰爭爆發前三天，攜帶東京參謀本部香港C作戰命令（大陸令第五七二號命令）的班機失事，各方搶奪「敕使密件」驚心動魄的事件。
8. 日本東京警視廳破獲佐爾格案件始末。

9. 佐爾格自願招供真相。
10. 汪偽七十六號頭子李士群被毒殺真相。
11. 中共華南情報局上海情報站秘密工作揭密。
12. 中共情報組織和國民黨軍統局首次合作揭秘。
13. 共產國際在中國秘密組織活動。
14. 史達林關於遠東戰略決策制定的內幕。
15. 中共情報負責人李克農、潘漢年在秘密戰線的功績揭秘。
16. 日本情報本部進行的向延安派遣秘密特工網的「海鯊計劃」
17. 一九四二年十二月「共產國際情報部為中共研製最新的『嘯風密碼』，在北平遺失，各方為爭奪密碼所展開的激烈較量。
18. 一九四三年五月十五日，蘇聯解散共產國際內幕。
19. 一九四四年日本參謀本部二部和支那課企圖同延安接觸，提出單獨和平解決的問題的秘密事件。

下文摘自：《遼瀋晚報》，作者：尚文舉，原題：《潛伏在日軍高層的紅色間諜——武田毅雄》

武田毅雄是日本特務部的創始人之一，是日本軍部公認的精英人物。日本在二戰時策劃了很多絕密行動，但是，戰後的日本整理自己的內部事物時才發現，凡是有武田毅雄參與的項目全部以失敗告終，尤其是那兩次刺殺史達林的行動，失敗得更是可疑。

日本人此時才開始懷疑，這個武田毅雄到底是什麼人？

叫毅雄的孩子本姓王

武田毅雄，原名王毅雄，一九〇四年四月二十八日出生於中國遼寧旅順。他的父親是中國人，母親是日本人，一九一五年全家遷入日本岩手縣定居。一九二五年，父親去世後，其母改嫁給一個名叫武田弘一的醫生，由此王毅雄加入日本國籍，並改名為武田毅雄。

武田毅雄沒有從日本繼父那裡學習醫術，而是在父親的一位病人板垣征四郎的影響下步入了日本軍隊。提起板垣征四郎，恐怕稍微有點歷史知識的人都知道，他是一個沾滿中國人鮮血的劊子手。板垣征四郎，陸軍大將，一九三一年與石原莞爾共同策劃「九一八」事變，以一萬人挑戰二十萬東北軍。一九三七年以半個師團擊潰中國軍三十多個師，攻佔山西。一九三八年六月任陸軍大臣，一九三九年九月任支那派遣軍總參謀長，主持對華誘降工作。一九四八年被遠東國際軍事法庭判處絞刑。板垣征四郎很喜歡武田毅雄，但武田毅雄對板垣征四郎卻沒有好印象。由於出生在中國，生父也是中國人，因此他對板垣征四郎在中國的血腥罪行和專橫跋扈產生了強烈的反感。但武田並不是一個普通的少年，他雖然心裡厭惡，行動上卻沒有表現出來，以至於自始至終板垣都將他作為自己最為信賴的學生看待。還幫助他進入日本軍界，提拔他為參謀本部高級參謀、「支那派遣軍」課長直到總參謀副長等職。

對武田毅雄有深刻影響的不止板垣征四郎一個人，他的舅舅菊池武夫也對他關懷備至。菊池武夫於一八九六年畢業於日本陸軍士官學校，後入陸軍大學深造，曾任步兵第十一旅團長。一九一三至一九二一年期間曾在中國東北先後任張錫鑾、段芝貴、張作霖的顧問。一九二四年任奉天特務機關長。他積極推行軍國主義侵略擴張政策，主張以武力征服中國。在菊池武夫的講述中，武田毅雄對於自己的故鄉——東北，有了更加深刻的認識，同時舅舅的軍國主義思想和對中國人的蔑視讓他很不舒服，不知不覺中骨子裡就生長出一種反叛情緒。

神秘呼號：莫斯科呼喚影子

一九三四年，武田毅雄被派駐蘇聯使館任副武官，他的紅色間諜之旅也由此展開。因為，他結識了一個人，一個改變他命運的中國人。十一月二十八日，武田毅雄參加了蘇聯政府舉行的一個招待會，邂逅了中國人張浩（林彪的堂兄林育英）。兩人相識時，武田三十歲，張浩三十七歲。武田毅雄從張浩那裡看到了大量的進步書籍，對日軍在東北家鄉的所作所為更為憤怒，也瞭解到在自己的家鄉還有無數像張浩一樣的人投身革命，情緒激動的他甚至產生了投奔東北直接參與抗日的想法。一九三五年二月一日，在張浩的介紹下，武田毅雄加入了中國共產黨。九月，中共駐共產國際代表李立三找到武田毅雄，把他介紹給蘇聯情報部門首長謝苗・彼得羅維奇・烏里茨基將軍。烏里茨基和武田毅雄談了日蘇之間的緊張關係，希望他參加隸屬於第三國際的紅色特科。武田毅雄發現自己參加的將是一條有利於革命的道路，當場就同意了烏里茨基的意見。

由組織安排，武田毅雄認識了自己的搭檔中西功。中西功是日本三重縣人，日本共產黨中央委員、社會活動家。經過三個月的訓練，武田毅雄與中西功組成「武田小組」，俄語稱「捷列金」小組，武田毅雄自此有了代號——「影子」。

從此，電波中經常出現一個神秘的呼號：莫斯科呼喚影子。

摧毀暗殺史達林的「獵熊計劃」

二十世紀三〇年代，史達林在蘇聯國內開展了慘烈的「肅反運動」，時任蘇聯內務部遠東地區部長、軍銜為大將的留西柯夫受到牽連。妻子被殺之後，滿懷仇恨的留西柯夫逃往中國東北，給日本人帶來了最新情報——蘇聯在遠東地區集結有幾十萬重兵和一千多架飛機。面臨這種威脅，日本軍方首腦決定先下手為強，除去史達林，一個驚天計劃——「獵熊計劃」由此而生。

日本人從留西柯夫的口中得到一個重要情報，史達林從一九三〇年起每隔三年都會在父親忌日那天（一月二十五日）到哥里去掃墓。即將到來的一九三九年一月二十五日就是一個絕好的機會，因為每次掃墓以後，史達林必然要到海濱療養勝地索契去住幾天，而且還會在每天下午二時到五時去距別墅四公里的馬采斯塔溫泉去泡澡。史達林有專用的浴室，門前站著兩名貼身衛士，從前面大廳和後面休息室通往專用浴室的通道上，還站有四名武裝警衛。

曾去過馬采斯塔溫泉的留西柯夫告訴日本人，史達林使用過的溫泉水會通過下水道流入附近的河裡。晚上，溫泉的用水量減少，下水道裡的水才沒過膝蓋，人可以順著下水道爬進去，直通史達林專用浴室的鍋爐房。

日本人與留西柯夫一起設計的這次暗殺行動定名為「獵熊計劃」，行動方案是派遣一支暗殺隊潛入蘇聯旅遊度假勝地索契，在暗殺前一日的晚上，暗殺小隊將通過下水道進入史達林專用浴室的鍋爐房裡，隱藏起來。然後，選擇時機清理浴室前的六名警衛，最後消滅史達林。日本軍方為了使這個計劃萬無一失，召集了所有狂熱的上層武官進行嚴密策劃，這當然包括武田毅雄在內。

武田毅雄聽完這個計劃之後，意識到事情的嚴重性，他在發言中說：「這是一個很好的計劃，但是這個計劃的實施必須有可靠的人選，而且暗殺計劃一旦失敗，我們將在遠東處於非常被動的局面，所以，我們應謹慎行事，需要對這些暗殺隊員進行訓練，確保萬無一失」。軍方採納了武田毅雄的意見，將暗殺計劃推遲進行。武田毅雄用緩兵之計為自己贏得了時間，他迅速與中西功取得了聯繫，通知中西功在暗殺隊中安插進自己的人，以隨時監視暗殺隊的動向。

被蒙在鼓裡的哈爾濱特務機關和關東軍第二課對包括留西柯夫在內的七名暗殺隊員進行了特殊訓練。經過周密的準備，全副武裝的暗殺隊終於出發了。他們先從日本出發來到了伊斯坦布爾，再乘船到阿爾哈比，又從阿爾哈比乘汽車，到達博爾加。風塵僕僕的他們打扮成亞美尼亞農民，住進了鎮上的一家小旅店，打算以博爾加為據點，進行潛入前的準備工作。據從土耳其參謀總部得到的情報，計劃潛入的這地點，原本不但未設哨所，就是平時巡邏的概率也是很小的，所以他們準備從這裡偷渡到蘇聯境內。但是，剛入蘇聯境內的暗殺隊還未涉過喬魯河，就遭遇蘇聯邊防部隊的截擊。很快，喬魯河裡倒下了三個人，包括留西柯夫在內的其他四名俄國人，不得不狼狽地逃回土耳其境內。

暗殺計劃以失敗告終，事後，日本陸軍參謀本部經審查認定，有一個代號為「萊歐」的蘇情報人員，混入了暗殺小隊，導致獵熊計劃流產。日本人逮捕了「萊歐」，「萊歐」寧死不認，日本人最後只能不了了之。

鮮花炸彈提前引爆

失敗後的留西柯夫不甘心史達林繼續活在這個世界上，焦慮的日本軍方也急於清除擺在他們稱霸東亞之路上的絆腳石。於是日本人又策劃了第二次暗殺計劃。

一九三九年三月十日，日本軍部特務機關長阪本中一少將、華中派遣軍中國課課長武田毅雄大佐飛赴德國柏林，來到了威廉大街黨衛隊總部，與德國黨衛隊隊長、警察總監希姆萊會面。

原來德日準備聯合實行一次「鮮花行動」。這個行動計劃的核心是：在莫斯科紅場暗殺史達林！具體行動是：選派四名訓練有素的特工裝扮成蘇聯紅軍軍官，從波蘭潛入俄國，秘密進入莫斯科，把定時炸彈安放在列寧墓的水晶棺前。引爆時間定在「五一國際勞動節」的上午十點，也就是史達林登上檢閱台的時候。商議已定，德國人領著阪本中一和武田毅雄去看爆炸試驗。到了試驗場，武田毅雄意外地發現，在執行「獵熊計劃」過程中僥倖逃生的留西柯夫也在場，真是冤家路窄。

一名黨衛隊員送來一束鮮花，來人介紹，這是德國最新研製的黑索金炸藥，熔點為二〇四・一攝氏度，壓藥密度一・七七／立方釐米，爆炸速度達八六〇〇米／秒，是目前最好的高能炸藥。由於它使用蠟、樹脂、動物膠包裹在外表，具有一定的黏度，非常適合隱蔽在各種物體中。炸藥就黏結在花蕊、花莖中，絲毫不引人注意。在操作時採取定時延時爆破法，規定時間一到，會立即起爆。然後，黨衛隊員做了試驗，八小時後，這束鮮花炸藥瞬間將一座山洞洞頂炸塌。

看完試驗的武田毅雄心裡暗暗著急，但是身在德國，無法將這個情報發送出去。四月十六日，留西柯夫突擊隊從德國出發，準備經立陶宛潛入蘇聯。由於陸軍首腦的召見，武田毅雄此時已飛回日本。這是唯一的機會了，因為四月二十日他就要返回中國戰區，如果到那時再發送情報，很可能就來不及了。無奈之際，他打破常規，冒險直接打電話給在日本國內的特工小組成員尾崎秀實：「尾崎君，我是表弟，下午兩點在街心公園見面。」尾崎秀實是國際特科組織在日本的優秀情報員，是另一個間諜小組——佐爾格小組的重要成員。下午見面時，尾崎秀實一臉嚴肅，批評武田毅雄違反組織紀律，以這種危險的方式見面。武田毅雄解釋說：「尾崎君，十萬火急，我來不及了！請務必轉告佐爾格，法西斯暗殺行動隊要在『五一』暗殺史達林！詳情在這封信裡！」武田毅雄說著，把一封信交給尾崎秀實，匆匆離去。

留西柯夫突擊隊順利潛入蘇聯，在莫斯科一家賓館住下。但是他們萬萬沒有想到，就在他們還沒有入境前，蘇軍早已知道他們的住處安排在哪裡。四月二十八日，蘇軍內衛部隊準確無誤地包圍了這家賓館，一陣槍聲過後，德日聯合設計的第二次刺殺史達林的行動也以失敗告終。

失蹤再無蹤影

「國際特科」是一個由各國特工人員組成的神秘組織，專門從事在淪陷區刺探情報、燒倉庫、炸鐵路……可以說，沒有紅色「國際特科」，抗日戰爭的勝利遠沒有我們所知道的那麼順利。而武田毅雄所領導的「捷列金」情報組就是這個組織當中最為神秘的一個，也是成績最大的一個。

武田毅雄所發來的情報，都是絕密的、具有戰略意義的情報。史達林看了武田毅雄發來的情報曾批語：「這是目前為止我看到的最有價值的情報！」為了表彰武田毅雄為世界反法西斯戰爭作出的傑出貢獻，一九六四年，蘇聯政府授予武田毅雄「蘇聯英雄」的光榮稱號。但這個授動是在絕密中進行的，只有少數幾個人知道。現已退役的蘇聯情報官員伊萬諾夫披露，代號「拉姆紮」的佐爾格出事後，武田毅雄成了蘇聯在亞洲唯一的王牌間諜，蘇軍情報機關為此對他進行了嚴密的保護，致使這張王牌在二戰結束後依然發生著作用。

武田毅雄的行蹤如同他的情報一樣都是神秘的，以至於作為他的上級機關都無從得知他的確切行蹤。根據現有的資料，我們只知道武田毅雄於一九四五年二月七日在視察東甯要塞防務時失蹤……一九四五年十二月又神秘出現，以舒密特的名字進入美軍駐日本司令部擔任東亞情報研究室主任。一九五四年冬，又再次失蹤……之後便杳無音信。

蘇聯方面花了近十年的工夫來尋找武田，最後不得不放棄。武田毅雄就這樣消失在人們的視線中……（據鳳凰網歷史頻道）

六、蘇聯間諜中西功

按：中西功是蘇諜武田毅雄領導的影子小組核心成員，他的被捕導致整個組織的被破壞，李士群的身份也隨之暴露，李士群也因此被日方以毒斃的方式處決。

中西功（一九一〇～一九七三），一九三一年在滿鐵加入中國共產主義青年團，一九三七年轉為中國共產黨黨員，同時，他也是日共中央委員，他提供的情報從根本上改變了第二次世界大戰的格局，為反法西斯同盟最終取得勝利作出重大貢獻，他兩次被判處死刑，但靠著他過人的智慧，兩次都逃過了死刑的執行，他在獄中等到了日本戰敗投降，出獄後他拖著傷病之軀為中日友好奉獻了畢生的精力。其人生履歷的一段已經作為原型搬進螢幕，電視劇《智者無敵》中的男主角「中村功」重演了他的故事。

中西功是日本共產黨中央委員、社會活動家。二戰期間，遐邇聞名的中國問題專家及中國通，日本三重縣人。上海東亞同文書院畢業。一九三〇年因參加學生運動被捕。

一九三一年在滿鐵加入中國共產主義青年團，一九三二年回國，在無產階級科學研究所和中國問題研究會工作期間，第二次被捕，不久獲釋。一九三四年經尾崎秀實介紹入滿鐵，就職滿鐵大連本社資料課，撰寫了有關華北農業經濟的論文。曾在天津、上海、大連等地的滿鐵事物所工作。一九三八年在「支那派遣軍」特務部任職。同年與中國共產黨取得聯繫。並成立秘密反戰組織。一九三九年參加滿鐵調查部「支那抗戰力量調查委員會」，並領導完成「支那抗戰力量調查」項目。一九四一年尾崎被日本政府捕後，曾擬投奔我解放區。一九四二年在上海再度被捕，後引渡到東京警視廳，一九四三年被以外患罪、違反治安維持罪起訴，判處死刑。在獄中撰寫《中國共產黨史》。

一九四五年根據釋放政治犯命令出獄。後入勞動調查協會。曾任《人民》、《民報》編輯。一九四六年六月加入日本共產黨。同年創立中國研究所。一九四九年當選參議員，並任共產黨國會議員團主事。一九四八年作為共產黨代表參加建立擁護民主主義同盟工作。一九四九年向黨中央提出《中西意見書》。一九五〇年被開除出黨，遂辭去參議員，組成中西派。一九五五年恢復黨籍，在共產黨中央勞動組合對策部任職。一九五八年至一九六三年任神奈川縣委員會委員長。一九六〇年因領導反對日美安保條約鬥爭被捕。一九六六年後從事中國問題研究。一九七三年病故。

主要作品：

著有《中國革命史》、《中國革命和毛澤東思想》、《在中國革命的風暴中》、《抗戰期間中國的政治》、《中國民主革命的發展與世界》、《中國共產黨與抗日民族統一戰線》、《新民主主義與社會民主主義》、《在武漢的革命與反革命》、《民主革命的里程碑》、《戰後民主革命時期的諸問題》、《馬克思列寧主義的發展》、《為民主主義與社會主義》、《從死的絕境中》、《民主主義日本的路標》、《現代中國的政治》等。

傑出的潛伏戰士

抗日戰爭的烽火歲月裡，曾有一批日本革命志士站到了中國人民一邊進行反法西斯鬥爭，成為中共黨員的日籍情報人員中西功就是突出代表。他在隱蔽戰線做出了中央稱道的具有戰略意義的貢獻，為了信仰，捨生忘死和臨危慷慨凛然的氣概連敵手也為之驚歎。

十八歲到上海，進入中共黨員、著名經濟學家王學文任教的同文書院，受到革命啟蒙。

身為日本人卻參加中國共青團，因革命活動兩次被關押，認識尾崎秀實後投身情報工作。

一九二九年夏，中西功這個十八歲的日本青年抱著國內同齡人慣用的「浪人」方式，闖蕩到上海。此時虹口日租界居住著幾萬僑民，辦起一批中日文並用的雙語學校。中西功進入的同文書院，正好由中共黨員、不久前剛留日歸來的著名政治經濟學家王學文主持教學。

經過王學文老師講解，中西功很快對馬列主義產生了濃厚的興趣，並與同學一起建立了意味著同中國團結鬥爭的組織「日（本）支（那）戰鬥同盟」。一九三〇年，日本海軍士官生隊到滬參觀，實際是為侵略熟悉戰場，中西功得知後便趕印了宣傳反戰的傳單向他們散發，結果被領事館中的便衣憲兵「特高」發現，把他關押了九天，釋放後還勒令停學一年。

初次入獄，使中西功更認清了軍國主義統治的黑暗，決心以革命來推翻它。一九三一年初，他加入中國共青團，並擔任了書院的團支部組織委員。翌年日本海軍陸戰隊發動「一二八」事變，強令日籍學生參戰，中西功馬上以「撤出侵滬戰爭」為口號組織鬥爭，迫使領事館同意他們回國。在歸國的船上，他結識了以駐上海記者身份為掩護的共產國際遠東情報局的成員尾崎秀實，從而開始了他人生傳奇的一幕。

回國後，中西功秘密參加了日本共產主義青年同盟，並向尾崎秀實學習了情報工作。他因參加了無產階級研究所，被警視廳偵破後遭關押四十天，後因身份未暴露獲釋。此時尾崎已打入上層，將中西功介紹到在大連研究中國情報的「滿鐵總社調查部」。中西功在華巡遊後寫出一系列分析報告，引起了政府和軍部重視。一九三八年日本「中派遣軍司令部」成立，其特務部從滿鐵將他借調來滬，沒想到這個「中國通」卻乘機從事了相反的工作。

中西功到達上海後，通過同文書院同學、已成為中共黨員的日裔西里龍夫恢復了組織關係，並成為正式黨員。此後他利用為日軍特務部做情報分析的條件，自由進入絕密資料室並外出調查，通過地下電台向延安發出一系列重要情報，如日、蔣、汪三方關係變化，日軍佔領武漢後已決定停止戰略攻勢，對蔣介石的誘和進展，以及日軍在華兵力調配及「掃蕩」打算等。這時尾崎秀實擔任了近衛首相的秘書，從東京不斷向中西功發來包括御前會議決定在內的許多情報，由他再轉發延安。有些行家說，看到這些情報，等於參加了日本最高層決策會並做了記錄。

一九四一年夏，德國進攻蘇聯後，日本南進還是北進成為史達林和中共中央最關心的問題。毛澤東認為，如果日本北上攻蘇，中國抗戰處境將更艱苦。值此關鍵時刻，尾崎秀實在首相身邊得知日本決心同英美開戰，通過德籍蘇聯情報員佐爾格迅速發電，使史達林決心西調遠東軍二十個精銳師，在莫斯科危急時刻扭轉了戰局。世界上許多史學家稱佐爾格、尾崎是「二次大戰中最成功的諜報員」，其實中西功對此情報也做出了重大貢獻。特別是在珍珠港事變發生前兩個月，佐爾格、尾崎便被捕並被處以絞刑，近衛內閣受此案牽連倒台，日本決策層對南進尚未最後拍板。此時中西功冒著極大危險返回東京並到「滿鐵」探到絕密材料，得知了南進決策已定並瞭解到準確日期，報告了延安並轉蘇聯，才接續完成了佐爾格、尾崎的事業。

尾崎秀實被捕，與之關係極密切的中西功顯然要受追查，當時有人通知他「速西去」即避往解放區。中西功卻相信共產主義者尾崎秀實不會供出自己，又考慮到這一崗位他人難以替代，便以高度責任感在半年內遲遲未走。日本「特高課」通過追尋線索，終於在一九四二年夏秋逮捕了中西功和其他為中國共產黨工作的日本情報人員二十餘人，其政府和軍部都為此「中共諜報團案」的規模而震驚。

經長期審訊，一九四四年秋日本法庭下令將佐爾格和尾崎秀實絞決，並將中西功等人判了死刑。宣判書以驚歎的語言稱：「彼等不怕犧牲，積極努力，用巧妙之手段，長期進行偵察活動，其於帝國聖業、國家安全、大東亞戰爭及友邦勝負，危害之大，令人戰慄。」因特高課要留活口核對疑問，死刑暫未執行，翌年八月日本投降後，他們幾個倖存者出獄。

戰後，中西功拖著傷病之軀為組建日本共產黨奔走，曾長期擔任黨的縣委員長（相當於省委書記），還出版了回憶錄《在中國革命風暴中》。據他的夫人回憶，一九七三年中西功患胃癌處於彌留之際，最後懷念的仍是在上海的地下鬥爭歲月，斷續地說：「我真想去看看！……看看那些街道，那些勝利的人們。……他們有了自己的人民共和國……」

七、紅色情報巨頭潘漢年

按：經過時間的反覆驗證，李士群和潘漢年的多次密會是誰也無法否認的鐵的事實，但不同價值取向的論者，對這客觀存在的事件卻有大相徑庭的詮釋：在羅織罪名陷害忠良時，潘李會就是潘漢年勾結漢奸的鐵證，參與事件的胡均鶴、關露、袁殊等全部株連入獄；八〇年代開始，潘案昭雪，其他涉案者也先後徹底平反，同時，潘李會也就改變了性質，被視為中共特工情報史上策反成功的奇跡，反覆舉證。而筆者根據親歷者的回憶和前蘇聯解密資料認定，所謂潘李會實際上是中共和蘇共兩大情報系統，為資源共享而構築的一個情報交流平台。當然，這個結論能否成立的先決條件是，揭示李士群多面間諜的真相。我們的文本為了論證這個先決條件的客觀存在，把有關潘漢年及潘李會的史料，收錄在附錄裡當然是必要的。

潘漢年（一九〇六年一月十八日～一九七七年四月十四日），江蘇宜興歸徑鄉陸平村人，中共著名特工，作家，蒙冤而死，是一個傳奇人物。

生平

潘漢年父潘莘臣，開私塾，一度被選為宜興縣議員。潘漢年早年在和橋鎮彭城中學和武進縣延陵公學讀中學。一九二四年秋到無錫國學專修館學習。一九二五年闖上海，任上海中華書局《小朋友》週刊的助理編輯，並從事業餘文學創作，參加創造社，一九二五年夏參加中共，一九二六年底應國民革命軍總政治部副主任郭沫若邀請赴南昌編輯《革命軍日報》，後任總編輯，國民革命軍總政治部宣傳科科長。

國共分裂後，赴上海，任「江蘇省委上海文化工作黨團」幹事會書記。一九二八年擔任中共中央宣傳部文化工作委員會書記，左翼文化總同盟中共黨組書記。一九三三年夏，離滬進入江西中央蘇區，任中共中央局宣傳部部長、中國工農紅軍總政治部宣傳部部長兼地方工作部部長等。一九三四年十月參加長征，一九三五年二月紅軍二渡赤水後，他與陳雲先後離開長征隊伍赴上海，以恢復同共產國際的聯繫。八月他和陳雲一起經海參崴到達莫斯科。任中共代表與國民黨駐蘇大使館武官鄧文儀秘密會談。

一九三七年九月，任八路軍駐上海辦事處主任。上海淪陷後，撤往香港。一九三八年九月，潘漢年回延安任中共中央社會部副部長。一九三九年赴港從事情報工作。一九四〇年獲悉德偷襲蘇俄的巴巴羅薩計劃，一九四一年底曾獲悉日軍珍珠港計劃，呈報中央後未及時通知美國。太平洋戰爭爆發，從香港轉移到皖南根據地。抗日戰爭和解放戰爭期間，與陳雲在上海等地領導對敵地下鬥爭和開展統戰工作。在一九四四年四月侵華日軍增兵五十萬攻擊中國的一號作戰計劃，潘提早偵知獲得珍貴情報，讓延安方面幾乎未受日軍攻擊，貢獻延安至巨。

抗戰期間在李士群安排下與汪精衛會面，在上海期間，潘漢年還由李士群介紹會見了日本華中派遣軍謀略課長都甲大佐。會見中，他們各自說明了自己的看法，就日軍與新四軍和平共存互不侵犯達成初步共識。然這一行為背後是否得到中共中央授意尚無確鑿證據，相關爭論也頗多。這一事件日後成為毛澤東判定其有「內奸」罪行的重要依據。

中華人民共和國成立後，先後任中共中央華東局社會部部長和統戰部部長、上海市委副書記和第三書記、上海市副市長。

一九五五年三月十五日赴京參加中央會議，四月二日向陳毅談了當年會見汪精衛一事，四月三日遭毛澤東下令秘密逮捕。一九六三年二月三日送往北京公安局團河勞改農場，一九六三年六月因「內奸」被判處徒刑十五年。一九六七年三月關回監獄。一九七五年五月送往湖南省第三勞改農場。一九七六年一月，正式宣判「無期徒刑」。

一九七七年四月十四日，含冤病逝。臨終前和妻子董慧一起軟禁於湖南茶陵米江茶場（湖南省第三勞改場）。一九八二年八月二十三日，中共中央正式發出了《關於為潘漢年同志平反昭雪恢復名譽的通知》紅頭文件，指出：「潘漢年同志幾十年的革命實踐充分說明，他是一個堅定的馬克思主義者，卓越的無產階級革命戰士，久經考驗的優秀共產黨員，在政治上對黨忠誠，為黨和人民的事業作出了重要貢獻」，為其公開恢復名譽。

有關潘漢年、李士群密會的資料

按：下列資料摘自為中共諜報英傑潘漢年、關露樹碑立傳的《魂歸京都——關露傳》（柯興著，一九九九年三月群眾出版社），該書作者原本是為突出潘漢年策反工作的到位，卻無意中透露了李士群早已向中共表明過他投日反蔣的真實意圖。印證了我們文本所揭示的李士群忠實執行蘇諜組織密令的事實。

三天後，潘漢年由袁殊陪同，來到了愚園路李士群的家。

頭一天晚上，李士群接到袁殊的電話，說潘漢年要見他，他是喜出望外，一夜沒睡好。他考察出王宣化是冒牌貨以後，他連關露也不再會見，他以為是關露和王宣化聯手愚弄他！要不是因為他們過去的老關係，要不是因為她妹妹胡繡楓的關係，他絕饒不了她！潘漢年這一來，李士群立刻意識到，他原來是冤枉關露了。關露是真的把他的情況向潘漢年彙報了，所以潘漢年才親自登門造訪！備不住，關露像他似的，也是被人愚弄了呢！

李士群是個鬼機靈的人！面對十多年前中央特科的老領導，也是當前急迫想見的中共高級情報領導人，今日見到了，反倒不知說什麼好。原因是多方面的，還有，他李士群也今非昔比，不管怎麼說，他目前是汪精衛政權的特工總部頭子，手下三千人馬，江南各地都有七十六號總部管轄的分支機構，真正稱得上是個實力派人物。他只好話從關露說起：

「關小姐生活發生了困難，到我這裡來求職。潘先生，你是知道的，我這裡的工作是不適宜她來做的。不過這兩年，我們一直照顧她的生活。老朋友嘛，有我們吃的就不能讓她餓著。」

潘漢年沒接他的話茬兒，只是問他：

「聽關露小姐說，你想見我，不知有何貴幹？」

「我希望得到你的幫助！」李士群直截了當地說。

看看已經進入話題，袁殊便說和葉吉卿有幾句話說，兩個人到另一間客廳裡去了。這裡，只剩下李士群和潘漢年。李士群是瞭解潘漢年的，他只能實話實說；在潘漢年面前，他是耍不得半點兒鬼花槍的。他再三再四地聲明，自己投靠汪精衛，是確實認為汪比蔣介石好。蔣獨裁，汪民主；投靠日本也不是為了賣國當漢奸，是為了利用日本反蔣。在反蔣這點上，他與共產黨是異途同歸！他願意為抗日做些工作，希望得到中共的諒解。

李士群的話裡，當然謬論不少。但是他政治上苦悶，希望給自己留一條後路，這與關露考察到的，完全一致。李士群一再表示，他希望得到中共的幫助，也希望幫助中共做些事情！

潘漢年明確表示，歡迎李士群的政治態度，並且商定由胡均鶴來擔當潘漢年與李士群之間的聯絡人。

胡均鶴早年也曾加入中國共產黨，擔任過共青團中央局書記。一九三二年被捕叛變，充當了中統特務，成為國民黨中統局蘇滬區的副區長。後來被七十六號汪偽特工總部逮捕，投靠了李士群，當上了汪偽特工總部二處處長、特工總部江蘇實驗區區長等職，成為李士群的心腹幹將。

胡均鶴與李士群都是在國民黨嚴刑下自首叛變的，現在明白跟著汪精衛走也是沒有前途的。在風雲莫測前途未卜的年月，也想為共產黨效力，為自己留一條後路。

李士群向潘漢年直言不諱相告：日本人即將在蘇北鹽阜新四軍軍部駐地進行較大規模的「清剿」、「掃蕩」。並將有關軍事行動計劃詳細告知。李士群希望新四軍方面早做準備。潘漢年表示謝意。

爾後，新四軍代軍長陳毅又派遣新四軍軍部參謀處參謀、聯絡科長馮少白，通過汪偽財政部稅務署署長邵式軍，和李士群秘密地聯絡上了，進一步對李士群進行策反。

八、鄭烈士蘋如（台灣「中調局」局史檔案資料，得自台灣「國民政府」藏檔）

按：在《色戒》熱映引發的還原熱中，一方面對於修復被抹掉的記憶而言，還原熱的主流是健康的，但在一個大眾廣泛參與的公共平台上，魚龍混雜，在所難免。然而，不論出自什麼動機，對有名有姓的真人真事的任何歪曲誹謗，都是對先人的褻瀆和不敬。等於讓那些被敵人子彈射殺過一次的先烈，又被不負責的言論再謀殺一次。台灣「中調局」檔案的文本是迄今為止有關鄭蘋如及相關事件的最權威版本。正是在這個版本中，第一次披露「指揮人陳彬同志領導行動小組同志……」等情節，使長期被掩蓋的真相浮出水面。

鄭烈士蘋如，浙江蘭溪人。其父鉞，字英伯，為同盟會會員，留學日本法政大學時期，追隨國父奔走革命，得識木村花子女士。女士以素仰吾國文物，猶樂於支持革命運動，故對工作之掩護、文件傳遞等，協助恭多。日久生情，遂結良緣，為當時黨人于右任先生等所共讚美。時值與先生成立靖國軍，邀[英伯]先生出任該軍秘書長，鄭氏樂於赴任，遂偕夫人返國。鼎革以後，鄭氏曾先後出任南京大理院檢查官、山西高等法院院長、復旦大學教授、江蘇第二特區法院首席檢察官，趺岩秋曹垂二十餘年。平生高風亮節，殊堪矜式。膝下三女二子：長女真如嫁王培驃；此女蘋如肄業於上海法政學院，時當妙年，即為國成仁；幼女天如，曾隨張充仁學習西畫，每有所作，必惟妙惟肖，抗戰時期奉父命投奔父執于右任先生，識飛將軍舒鶴年，締婚於重慶；長子海澄，畢業於日本名古屋飛行學校，時適七七抗戰，日方扣留軟禁，其母赴日與友人設法，助海澄偷渡返滬，為國效勞，惜於民國三十三年一月十九日壯烈成仁，為國捐軀；次子南陽習醫，抗戰初期與兄返國，畢業於上海東南醫科大學，光復後在滬懸壺濟世。姐弟五人均擅長日文，猶以烈士及南陽為優，故烈士工作時期，其弟南陽協助合作，相得益彰。

九一八事變後，全國敵愾同仇，鄭烈士以先天之革命情操，從事救國活動。一二八滬戰之後，烈士得父母允許，偕姐弟斥資印刷大批宣傳品，深入浦東鄉間從事宣傳演講工作。至其積極參加政治工作，則始於八一三滬戰之後，時黃浦江畔戰爭劇烈，本局同志陳寶驊同志，於友人宴會上得見鄭烈士，相談國事，深為驚訝，簽報奉准，許為難得之情報人才，乃令佈置滬上對敵工作，由嵇希宗同志與之聯絡，烈士獲得情報則由嵇研整轉報，因二人共學法政學院，故工作之配合，頗能發揮。上海淪陷初期，烈士單獨負責一秘密電台，與後方保持通訊，至有建樹。

自戰事發生，日本國內黨派甚多，於對華戰爭與和平之意見相歧，各派得力之代表在滬作最後之決定。當時烈士以母為日人之姿態，周旋於現場，以日文之流利及對戰爭之批評，深為日反戰派之賞識。鄭烈士於對敵工作，雖以刺探敵情為主要任務，然方式上則以中日共存、中日直接談和為誘餌，故其接近敵方人物，均為高級官佐及日方具有左傾思想者，實便於應用耳。當時烈士與之交往者還有日首相近衛文（磨）[麿]之子近衛文隆，其弟近衛忠（磨）[麿]子爵，近衛在滬之何談代表早水親重，及華中（參）[派]遣軍副參謀長今井武夫，報導部方之花野慊倉等人。不特此也，烈士對鋤奸工作供給情報，尤有積極表現，二十七年八月得知汪逆精衛包藏二心，曾電重慶力請逮捕，苦於無確實行動，及十二月初又再三電請注意，時汪逆於河內發表《豔電》，繼率爪牙去滬，擬設立偽府於金陵。烈士與近衛之代表者，力陳可與國府談和，可以力量轉向美國戰爭，當時深為一般反對對華戰爭、主張東南亞合作之日人所贊同，惜因其中有勢力之日人為日海軍及憲兵派所綁，致事未成。然鄭烈士屢予偽府以阻難，其英名已為偽特工總部丁逆默邨所聞。烈士之參加本局工作，以伊之生活環境、教育出身等觀之，全出於一片愛國報國之熱忱。時本局東南區為謀限制偽特務之發展，乃派烈士藉日人做橋樑，謀與丁逆默邨、李逆士群、吳逆世寶等接近，烈士沉著機警，反間工作極著成效，丁逆、李逆為之顛倒。二十八年十二月初，決定以丁逆為對象，即擬開始行動，後以是月十二日副區長張瑞京同志被熊劍東之妻出賣、遭敵偽綁去，致工作略事停頓。延至二十日，烈士催告聯絡人嵇、宋二同志，以事不宜遲，否則恐有他憂，乃決定於翌日著手行動，計劃於烈士偕丁逆至靜安寺路西（伯）[比]利亞皮貨店定製大衣時，加以制裁之。

惜鎖定地點過於單純，烈士與丁逆進入西（伯）[比]利亞皮貨公司，丁逆機警，有所警覺，遂即取百元付與櫃檯，並謂大衣做好送至潘三省宅取款，語畢匆匆穿入停於門前之保險汽車，指揮人陳彬同志領導行動同志連發數槍，均擊中車廂玻璃，未能將丁逆狙殺，是誠可惜。

烈士當時目擊此種情況，心膽俱裂。蓋丁逆不死，明知為其所為，伊自身雖刀鋸鼎鑊，在所不辭，然老父弱母又將何以處之？況其父時任上海第二特區法院首席檢察官，偽方曾數度迫任偽職未果，今將何以對耶？果然，丁逆出言如鄭烈士不自首，決格殺全家為脅。烈士自思如此情況，乃抱我不入地獄誰入地獄之決心，決親往滬西偽特工總部，再謀覓取機會。方丁逆被擊之次日，滬西日憲兵隊長藤野（大）[少]佐，即以電話致鄭老太太，謂彼早知鄭二小姐為「間諜小姐」，已或報告甚多，惟此次行動實出乎彼等預料之外，實是有大和民族之血統等語。

二十四日耶誕前夕，其時租界時代，全上海被點綴為一不夜城，鄭烈士擬利用敵偽得意忘形此一寶貴之頃刻，身懷手槍謀對丁逆最後之一擊，乃電致丁逆約明日共渡耶誕夜。此去明知凶多吉少，烈士因行動被偽特力量所控制，卒於靜安寺路西段被吳逆世寶駕汽車綁去，監於七十六號。初甚受優待，偽方大批女眷如周佛海妻（柯）[楊]淑慧等均親往探視，蓋欲一識重慶女間諜之廬山真面目。偽方以特區法院無法接管，乃利用烈士之被捕，進而威脅其父，以只須鄭氏出任偽職，即釋放鄭烈士為條件，當時並囑偽律師詹紀鳳前往遊說，為鄭老先生嚴詞拒絕。自此以後，鄭老先生以內失愛女之痛、外遭偽方之脅，終於三十[二]年四月八日抱恨而終，以未見國土重光為憾。國府曾予褒揚有案。

烈士自二十八年十二月二十五日被捕後，即與外界音訊隔絕，二十九年二月惡訊傳來，鄭烈士為偽總部一廳長林之江者親自執刑於滬西中山路，蓋林逆所以起殺機者，實覬覦鄭烈士所戴之鑽戒也。其後偽特工總部即遣人抵鄭府索款交還遺體，奈當時鄭家財物均被日偽所占，無法贖還鄭烈士遺體。烈士時年二十有三歲！嗚呼！鄭烈士死非其所，死非其時！國難方殷，國家需如鄭烈士者實多，而後繼者其誰耶！死者已矣，若木村夫人者，一夫一子一女均因對日抗戰為國捐軀，今寡居台北，實宜善加恤之！

鄭烈士未婚夫王漢勳烈士，為中央航空學校二期生，曾任空運大隊長之職，於對日抗戰桂林撤退之役為國捐軀。二十八年春，王烈士曾兩次函約鄭烈士赴港結婚，鄭烈士以任務在身，未敢違離，約期於抗戰勝利國土重光之日。不幸今已先後殉職，而其寒骨尚不知淪於何處，唯求彼倆能聚首來世耳。

九、鄭天如口述資料（楊瑩整理）

筆者按：促使陳彬女兒陳維莉女士打破沉默的導火線，是最近讀到鄭蘋如妹妹鄭天如女士二〇〇九年九月口述、楊瑩整理的訪談錄。她指著用紅筆作記號的那段文字，念出原文：「我（按，指鄭天如女士）始終懷疑這個陳彬已經叛變了，他手下一個人的槍子彈卡住了，不能打，一個子彈全打在汽車上，這不可能嘛。一定會有一槍會打到人身上。」「這是鄭天如的原話。」陳女士接著說：「鄭天如懷疑陳彬叛變的唯一根據就是槍手的武器發生故障，射擊時子彈卡住了不能打，以及另一位槍手的子彈沒有擊中丁默村本人等等。前者是武器常見的故障；至於後者，很多文本中都已反覆提到丁迅速躲入汽車後，子彈全被防彈玻璃擋住，自然無法擊中丁的身體。就連鄭天如本人在二〇〇七年九月十一日記者會上的聲明中，也提到：『丁默村坐上裝有防彈玻璃的汽車等等』，但兩年之後，到二〇〇九年九月，她對楊瑩的談話裡完全忘記了自己兩年前說過的話。誰都清楚，叛變這頂帽子的分量，在任何時候都是致命的。而在鄭天如女士的嘴裡，竟這樣不負責任地脫口而出，面對她指名道姓地亂潑髒水污水，如果還保持沉默，豈不愧對先輩？」陳女士對筆者說，如果你有機會採訪鄭天如女士，我要送她一件禮物，就是先聖孔子的一句名言：「己所不欲，勿施於人。」鄭天如在批評許洪新的《一個女間諜》時，怒斥別人「胡說」、「瞎編」、「亂寫」、「太氣憤」、「太過份」、「太冤枉」等等，諸如此類的話，說了不下十多次。可見，她對自己認定的不實之詞，深惡痛絕，並召開記者會當場抗議。對於一位如此重視名譽權的人，理應像維護姐姐的名譽那樣維護其他愛國志士的名譽。現在她把個人的主觀臆測在公共空間裡脫口而出，這不僅是對被傷害者的不公，也是對曾與陳彬並肩戰鬥過的鄭蘋如的不敬。作為後人，我們為有這樣捨生報國的父親而自豪；作為後人，我們不僅是先輩生命的延續，更應是先烈留下的精神財富的直接傳承者。所以，維護先烈的名譽權，我們責無旁貸。我們做不到，再交給我們的下一代去做。

二〇〇九年九月二十一日、二十三日，鄭靜芝女士和筆者兩次談話。本文根據錄音歸納、整理，未經本人校閱。為使讀者更容易看清楚，添加了分段小標題和文字中很少幾個帶括號的提示。

鄭靜芝，又名鄭天如，鄭蘋如烈士的妹妹，如今獨自居住在美國洛杉磯東部哈仙達市（Hacienda）一個華人老年公寓。鄭靜芝女士是一位溫文爾雅、身帶貴族氣質的時尚老人，她皮膚白晰，燙過的短髮一絲不亂，可以看得出年輕時相當漂亮。在我拜訪前，老人病了十幾天，一見面就反覆道「對不起」，說因為生病，家裡很亂。其實就我觀察，對於一個八十多歲獨居的老人而言，家裡相當整潔、舒適。

在鄭女士娓娓道來的回憶中，她對烈士姐姐的痛惜，對父母雙親的敬重，對以往溫馨家庭的懷念，溢於言表。

教忠有方

我父親在留學日本時，就參加了革命黨的同盟會，主要是跟于右任老先生一起做事，他們兩個感情非常好，可以說像兄弟一樣，大家不分彼此。我後來幫于右任老先生在監察院工作，有時爸爸他們的革命黨朋友來探訪，于老先生就會叫我進去，介紹說這是誰誰的小姐。爸爸的朋友說，妳的媽媽好像是……，不講下去了，我就說我媽媽是日本人。噢，妳是日本太太生的。我就笑笑說，我爸爸窮的很，只有一個太太呀。我在老先生面前真的是比較輕鬆的。

說回來，那時可能是滿清政府吧，我父親在日本參加革命黨，主要負責幫助留學生。我母親是日本人，也幫忙我父親和革命黨做事情。父親在日本是學法律的，後來我看他的履歷，有幾位寫小說的告訴我，因為要在日本主持革命黨協助留學生的工作，為了能合法待在日本，爸爸在日本連續讀了兩個大學學歷。爸爸在文學方面很有研究，日文很不錯，幫留學生寫論文什麼的，幫忙把論文翻譯成日文，提供一些經濟資助。爸爸博學多才，對《易經》也很有研究，有好多人都很欽佩我爸爸，問他運程什麼的。爸爸回國比較晚，是在（辛亥）革命成功後。

我家一共五個孩子。大姐真如生在日本，蘋如是我二姐，她是否生在日本我就不知道了，大我不到十歲，對人很客氣，總是笑嘻嘻的。她犧牲時有人說二十六歲，有的說二十三歲，我們家裡說是二十三歲。我大哥海澄是老三，後來當空軍飛行員犧牲了；二哥南陽是老四，學醫的；我叫天如，是家裡的老么，最小。那時主要都是姐姐在照顧我，媽媽主要幫忙照顧爸爸和他的朋友。爸爸對媽媽很尊敬，兩人感情非常好。

媽媽是日本人，她家裡的具體情況我不太清楚，她從來不提，大概是那種日本武士道家庭吧，她講話偶而會流露出來，好像與政府有一定關係，說的難聽點，也許屬於後來慢慢衰敗下來的貴族。我們有一個表舅，在日本皇宮裡當醫生。媽媽是家裡的老九，媽媽嫁給爸爸時，跟家裡也鬧革命了，她家裡反對她嫁給中國人，把她的名字從戶籍中取消了。後來，只有媽媽的大哥偷偷與媽媽來往，好像他大媽媽二十歲。

媽媽不太說話，很安靜。後來我才知道媽媽很了不起，在日本時就幫了爸爸很多忙，為革命做了很多事，但她從不多說話，很謙虛。我到了台灣以後才知道，媽媽的中文非常好，可以寫中文信。媽媽去世的時候，蔣中正專門給題了一幅字，「教忠有方」，四個大大的字。上海淪陷時，人家問媽媽，妳是日本人，現在日本跟中國打仗，妳怎麼看？媽媽說我嫁的是中國人，姓中國姓，孩子也是中國姓，姓什麼，就是什麼地方的人，也是中國人。媽媽非常要面子。到台灣後，我幫于右任老先生做事，在監察院管外交公關。有一次去日本大使家玩，他們開車送我回家，大使太太說順便來看媽媽，她們都認識，也很熟。剛好媽媽在家裡弄花草，穿了一件普通旗袍。大使太太一走，媽媽就罵我，妳怎麼可以這樣，不事先打招呼，多丟我們中國人的臉。她很少罵我。

父親後來在上海的法院裡做事，做到首席檢查官。法院在公共租界裡，叫特區法院，主要審判在上海犯罪的外國人。我父親雖然不是做政府工作，但和政府還是有來往的，他的許多朋友都在政府裡的。後來聽說父親另外給政府做工作，至於父親給政府做過什麼事情，之前我不曉得。這是重慶的一個材料，上面說到父親給政府做地下工作，這兒蓋著中華民國的印章，不可能是假的，上面有我父親和姐姐的事情（中央撫恤委員會發佈褒獎令說，「鄭鉞同志蟄居上海，暗中指揮地下工作，並令其長女蘋如實行鋤奸，後遭敵偽毒手」）。（注1）其實他們搞不清楚，我父親和姐姐做的事情是單獨分開的，他們之間沒有聯繫。

我二姐比較活潑，初中的時候就寫牆報、寫傳單，打倒日本什麼的，很愛國。我母親也不管，由得她們去做。我那時雖然很小，但是還記得，有次家裡突然來了一些縫紉機，姐姐和同學們一起做衣服，說是給傷兵做衣服，大哥和二姐都很積極。後來兩個哥哥去日本留學，是官費留學，大哥學航空，二哥學醫，照理和父親會有一定關係。父親是租界法院的清官一個，我們家裡的生活不很富裕，可是生活很平穩，是很正常的家庭。就是有一點，我們的家教非常嚴，父親好說話，但管我們小孩子很嚴，我一直就覺得我們家很特別。比如父親哪天拿了一樣東西回來，也許是水果，這個東西很好吃，父親不說給我們，我們都不會要，他說你要吧，拿去吧，我們才會要。我父親非常愛小孩，可能我是最小吧，父親對我特別好些，對哥哥，姐姐差不多，都是很嚴格的。到台灣後，有一次監察院女同事來我家玩，我們在外面大聲聊天。過了一會兒，媽媽就把我叫進去說，妳講話不可以這麼輕鬆，如果再這樣，我就不是叫妳進來，而是要到外面當著妳朋友的面說妳了。我們家就是這樣的，家教很嚴。

姐姐做這些（反戰抗日）事，受我表舅的影響很大。表舅姓阪，媽媽來到中國以後，他也來到了上海，還改姓中國姓，叫徐耀中，學講中文，學京戲，後來還娶了個中國太太，但沒有孩子，所以他很喜歡我們家的小孩子。日本和中國正式開戰以後，表舅來到我們家，不進來，只站在門口跟家裡傭人說，告訴他們，我以後不會再來了，因為我是日本人，你們是中國人。然後他就做日本人的事情，開會反對戰爭什麼的，姐姐後來就是常常參加他們的會議。表舅雖然不再來我們家裡，但對我們小孩還是很好，有時在路上看到我們，經常給我們一些好吃的東西。他很喜歡我，可能我是家裡最小的吧。

後來二姐讀法律，認識一個男同學（嵇希宗），這個姓嵇的男同學年紀很大，他的女兒跟我差不多大。他想到我家來，向父親請教法律問題。一般情況下，姐姐的女同學來家裡都要被問來問去，更不要說男同學了。我當時想，這下連祖宗三代都要被查了。那個人姓嵇的同學來到我家裡，見到父親就鞠躬，表現得很尊敬，向父親請教了一大堆的法律問題。後來聊天才知道，原來他是陳立夫堂弟的朋友，我父親和陳立夫都是革命黨，也認識，所以父親允許讓他經常來家裡了。

那時姐姐和表舅很接近，他們都是反對日本和中國戰爭的。後來我才知道，原來姐姐是想幫中國的忙，她常常接近舅舅，就是想從反對戰爭的日本人中幫忙中國探聽一些消息。舅舅的身份我實在不知道，在日本我們有好多親戚，我曾經調查，結果一個字都調查不出來，他們不給我。還是有個寫書的日本人，幫我找到媽媽家在日本的親戚。

舅舅和姐姐都是反對日本和中國戰爭的。那時候日本人分成兩派，一派是軍人，東條呀，部隊的，是要打仗的；另一派的是首相，是天皇的助手那一派，反對日本和中國戰爭。我姐姐經常跟這一派反對戰爭的日本人來往，參加他們的聚會。姐姐是日本血統，日文很好，他們日本人也不避諱，姐姐很懂得應付。姐姐把從日本人那兒聽來的消息，告訴姓嵇的，其實他是國民黨中統的，陳立夫是中統。我記得那時候姐姐沒有參加什麼中統，應該是最末了才參加的。姐姐的條件是不管怎樣，你中統不能洩露我的名字，我幫你們忙，一有消息就告訴你們，可是你們千萬不能有底子。

其實姐姐在日本人之間來往探聽消息很不容易，又要上學，又要怕我爸爸管。我們家裡的家教很嚴，爸爸永遠是家裡的頭，雖然是交給媽媽管家，但爸爸一回家就要問，誰誰誰表現得怎麼樣。爸爸人緣很好，對外面的老百姓很好，他們有事都來找他，就是有一樣，我們家裡的家教很嚴，對跟什麼人來往，特別是女孩子，管得很緊。記得有一次，我們萬宜坊的鄰居家，從美國來了個親戚，帶了個電吉他，她家的女兒跟姐姐是朋友，約好晚上讓姐姐過去聽。吃過晚飯，大概七點鐘左右，姐姐準備去，爸爸就不准她去。姐姐說：都約好的，去幾分鐘就好啦，否則太不好意思了。爸爸嚴肅地說：不要去就是不要去。我當時在旁邊聽了，覺得爸爸好嚴厲。

後來汪精衛要叛變，姐姐從日本人那裡聽來消息，就告訴姓嵇的，馬上通知重慶了。重慶說不可能呀，蔣介石下來就是汪精衛了，是二號人物，怎麼可能？姐姐又去問那些日本人，結果是真的，真的有人逃走了。這樣類似的事情，零零碎碎太多了。姐姐做的都是反對日本戰爭方面的事情。

挺身而出

那時候中國有個游擊隊，很大很大的司令，叫熊劍東。中國那時候好多地方都淪陷了，安徽沒有淪陷，游擊司令說起來都跟搞諜報的、中統局有關係。游擊隊司令被七十六號給抓到了，被關起來了，說要槍斃。有一天，游擊司令的太太來到我家，她個子不高，胖胖的，年紀有三四十歲，人家說她本事大得很，身上有兩把槍，開來了三部車，聽說很厲害，後面都有機關槍，我不曉得，是聽說的。那時姐姐已經幫他們做事了，也認識他們的人了。她一進門第一句話，我記得很清楚，那時我十三歲了，她一上來就對姐姐說：鄭小姐，妳的身份暴露了。她講「暴露」，當時我覺得「暴露」這兩個字很奇怪，所以記得非常清楚。姐姐就看著她，一直沒說話。她說，我沒辦法，我要救我丈夫，同時游擊隊也很需要他，那麼多人。我去找了漢奸的頭，就是那個姓丁的，他要認識妳。姐姐就一直不說話。司令太太說丁默村作過妳的校長。姐姐一個初中生，怎麼能跟高中校長認識？姐姐一直沒說話，只是看著司令太太。丁默村給司令太太開了三個條件，一個是要他們的副司令，副司令叫張瑞金，因為人家張瑞金很聰明，聽說抓權抓的很厲害，比熊劍東司令還厲害；第二個是有一個女的，常常跟另一派日本人在一起，長得很漂亮，有人說是日本人，有人說是中國人，對我們非常非常不利。司令太太就說，她是你的學生呀，我們熟的很，她是中國人。就這樣，她把姐姐給供出來了。丁默村說我一定要認識她，妳給我這兩個人，我就放了司令。他一共提了三個條件，還有一個條件我不記得了。司令太太說，我為了救我丈夫，沒辦法呀，張瑞京已經給弄走了，是吃東西放上麻藥，已經給七十六號送過去了。丁默村說要認識妳，現在怎麼辦？其實你們認識了也好，對妳爸爸也好，不然妳爸爸每天上班下班、進進出出的也不安全，對妳們家也好。那時候，我父親已經是首席檢查官，院長也沒有了，手下有兩個庭長，一個管民事，一個管刑事，不知民事還是刑事的庭長，就是郁達夫的哥哥，叫郁華，被他們暗殺打死了。他家裡也都是愛國的，他太太在幫忙傷員服務時，耳朵都被炸壞了。郁伯伯死了，我們家的人都很傷心，我當時小，不太曉得，看到爸爸媽媽很傷心，因為我們大家都很熟，姐姐知道後心裡也很氣。但是無論怎麼說，在那個時刻，七十六號離我們家根本遠得很，沒有什麼關係，而且他們已經開始殺人殺得不得了了。司令太太說他們就想要認識認識妳，怎麼樣？我們就等妳回信。姐姐就一直不說話，後來說讓我考慮考慮。這樣講完，司令太太說我等妳消息，就走了。

姐姐馬上把情況告訴姓嵇的。姓嵇的就跟陳立夫堂弟講了。陳立夫的堂弟叫陳寶驊，當時是在上海主持的頭，姐姐以前不認識他，就是這次才認識的。他跟姐姐說，重慶有消息來，要把丁默村這個人去掉，這個人太危險了。這根本都是很晚發生的事情，書和文章什麼的都講，好像姐姐很早就認識姓丁的，根本不可能。我那時十三歲，我記得很清楚很清楚的。我姐姐和哥哥都是愛國的，我小時候也是愛國的，幫助他們做過事。陳寶驊說妳認識他以後，要想辦法把他騙出來，在外面才能把他殺掉。就是這樣才會有姐姐要去騙他出來。後來他們見過兩三次面，每次都有姓熊的司令太太在邊上。後來要動手的時候，當然熊太太不能在場。姓嵇的帶來一個姓陳的，叫陳彬，他們暗殺部分都由不同人負責，陳彬這個人手下是動槍的人。姓陳的就到我家裡來，本來是不可能來家裡的，應該那時候我父親已經知道姐姐做的事情了。郁華郁伯伯出事後，姐姐就跟爸爸攤牌了。

本來我爸爸以前很不高興我姐姐，我不知道為什麼，總是父親覺得他這個女兒有什麼事情，對她很嚴厲。到後來兩個人感情很好，因為爸爸已經曉得姐姐幹的事情了。後來另外一個庭長也給他們殺掉了。死得很可憐，是用斧頭砍死的。他的兒子是台大的校長，叫錢思亮，錢思亮的兒子就是當大使的，叫錢復，報上從來都不登。七十六號的人真是狠毒。

就這樣，姐姐藉機會認識了姓丁的，這是發生在很後面的事情了。妳說當時的一個初中生，怎麼可能與校長有什麼關係呢？當然姓丁的這種人有錢，兩人認識以後，要送東西給姐姐。姐姐就說那送我皮大衣吧，因為賣皮大衣的那個地方，馬路很寬，很安靜，方便行動。姐姐跟中國方面已經說好了，動槍的那天是二十四號，也就是兩人認識以後短短幾天。根本不像外面的那些書上亂說，什麼在跳舞廳門口等，根本不可能，也不需要。因為我記得很清楚，都是在我家裡發生的事情。

那天汽車停在了皮衣店門口，時間很短，人根本還沒進去，小說上說的給錢什麼的根本沒有，人要是進去了，就不容易打了，一定要在外面。人要進去的時候就開槍，當時不知道出了什麼情況，負責開槍的兩個人中的一個人槍壞掉了，打不出子彈；另一個全打在了汽車上，沒打到人，失敗了。那是民國二十九年十二月。那個時候我們在家裡頭，已經聽姓嵇和姓陳的兩個人說，中統的人在上海被抓了八十幾個人。姐姐兜了幾個圈子回到家裡，姓丁的打電話到我家，讓姐姐去自首，說即使我放過妳，我手下的人也不答應。結果姐姐就和姓嵇的及陳彬商量。我始終懷疑這個陳彬已經叛變了，他手下一個人的槍子彈卡住了，不能打，一個子彈全打在汽車上，這不可能嘛，一定會有一槍能打到人身上。姓嵇的告訴姐姐說，妳不要管，快逃走。姐姐說爸爸年紀大了，還有這麼一大家人，我不能走。姓陳的就說，不要緊，不要緊，妳去自首，法律上自首的判刑都會減輕，況且我們裡面有人，說不定在裡面還能打死他。我那時候年紀小，在旁邊聽了，也不知道是不是危險，覺得跟演電影一樣。姐姐那時是抱著犧牲自己的精神，決定去自首。

二十五號那天她跟媽媽說，不要在家裡做飯了，咱們出去吃吧，就陪媽媽和我們一起出去吃飯。父親在上班，沒有一起去。二十六號下午三點半，姐姐走了。姐姐要走的時候我知道，我不記得我自己是怎麼樣表情，只記得我大姐的女兒——大姐結婚三年就去世了，小外甥女由媽媽帶大，抱著姐姐哭呀哭呀，不讓她走。我也不記得那時是不是知道姐姐去自首，還是逃走，不過我記得那時候我贊成姐姐逃走，逃走只是一段危險的路，過去之後就是游擊隊了，就可以送到內地了，就安全了。我學醫的二哥知道姐姐是去自首的。

英勇犧牲

姐姐走了，後來寫過兩封信給家裡。媽媽心裡很難過，但也不說話。爸爸也不說話。爸爸平時下班都是六點多，二十六號那天回來特別早，四點半、五點就回來了。平時爸爸下班回來，都會很和藹地摸摸我的頭，問乖不乖呀。二十六號那天一回到家，就和媽媽講日語。爸爸平常跟媽媽在我們小孩子面前從來不講日文，除非兩個人有什麼事，關在房間裡才講日文。我不太懂日文，哥哥姐姐們都懂，我大概的意思能聽明白。爸爸馬上問媽媽姐姐在哪裡，然後就不再說話，回到自己屋子裡就起課。爸爸會《易經》，會算命，還挺準。我就聽見這麼一句話，「唉呀，從此以後我們見不到了。」

姐姐走了以後，家裡的氣氛很沉悶、很沉悶。我們全家人都心裡難過，但是大家也都不說出來，都如常生活。我每天放學回家，就希望能有什麼動靜，結果一直也沒有消息。我知道，如果爸爸答應去投降，他們一定會放回姐姐的。但是有一樣，汪精衛政府裡有的人也很恨我爸爸，爸爸是清官，跟他們不同，姐姐做這樣的事，他們很恨。可是日本人很想我爸爸去做事，日本人盯得很緊，派個律師叫陳紀鳳，來過兩次，勸說爸爸給日本人做事。當然爸爸一直沒有答應。

就這樣，日子一天天地過去了。二月份的一天，離姐姐走以後兩個多月，我放學回家，看到爸爸媽媽兩個抱在一起痛哭，我的小哥哥靠在牆上哭，是有人告訴說姐姐已經犧牲了。我那時候很氣憤我的小哥哥，衝上去埋怨他當初為什麼不勸姐姐逃走，我年紀小不懂，你年紀比我大呀，你不應該贊成姐姐去自首。現在想也許他心裡有苦衷，可能是冤枉他了。現在想起那天的情景，心裡還是很難受。

後來最最難過的一件事，就是姐姐的屍首。七十六號人找我們家要錢，給了錢才能領回姐姐的屍首。他們要很多的錢。那時上海都被封鎖了，我們家沒有錢。姐姐出事以後，日本人把我們家的保險箱什麼的都封鎖了，是我陪媽媽去清點的保險箱，所以記得很清楚。結果，我們家拿不出錢，所以姐姐的屍首也沒有領到，至今也不知道在哪裡。

大陸方面沒話說，在上海福壽園給姐姐立了一個雕塑，雖然姐姐是國民黨，但還是把姐姐當烈士，那時候反對戰爭也不分什麼黨派的。本來要給姐姐做個墳的，可是什麼都沒有，找不到姐姐的遺骨，就立了個雕塑。我現在想起來，心裡還是很難過。這是我心裡很難過的一件事情。

原來在上海的時候，日本方面有個做情報的，叫花野吉平，很喜歡我姐姐，他們那時候都是四、五個人一起開會，沒有機會單獨相處。川島芳子手下有個很厲害的女間諜，叫渡邊的，喜歡花野，很嫉妒姐姐。姐姐犧牲以後，她就一直盯著我們家，不放過我們家，跟我們家搗亂。有一天我放學回家，發現兩個男人跟蹤我，我很害怕，就跳上有軌電車，跟司機說有人要綁票。那時候愛國的人很多，我在司機幫助下才逃掉跑回家。我也不懂為什麼要綁票我，可能是跟我爸爸有關吧。

一門忠烈

後來珍珠港事件發生，租界也沒有了，我爸爸就開始逃難了，在上海的朋友家裡東躲西藏，都是我陪著，前後有一年多時間。

那時候我爸爸在上海給重慶做一件事，幫助過很多人，幫助他們逃難到重慶去。很可惜，我把爸爸的名冊弄丟了。那個時候上海淪陷了，但租界還在，要逃難到重慶的那些人，先由爸爸寫信，再去找杜月笙的表弟，叫朱文德的，我們叫朱伯伯，是在銀行做事的，後來當了立法委員。從我爸爸那裡拿了信以後，再到朱伯伯他那邊去拿錢，再到重慶。因為逃難差不都是全家都過去，所以需要的錢很多。那些人拿了我爸爸寫的信，到重慶去就可以安排做事情，有工作做。我爸爸在上海就管這個事，應該是爸爸與朱伯伯他們兩個合作吧。後來爸爸身體實在不行了，病得很厲害，沒辦法就只好回家了。

回到家沒幾天，渡邊就來了，帶了三輛軍用汽車。她跟我媽媽很客氣地說，聽說妳先生不舒服，我們請了很好的醫生來看看他，是軍隊的醫生。媽媽說，謝謝妳！那時大家都有假面具，表面都客客氣氣的。我記得爸爸原來躺著，後來坐起身，醫生看了看，說不要緊，吃些補藥，然後就走了。我就知道爸爸病得很嚴重，否則日本人肯定要帶走爸爸的。爸爸後來不久就去世了。

爸爸去世也很特別。四月一號，媽媽到學校找我，讓我趕快回家，我還以為日本人又來搗亂呢。她說爸爸算了一卦，說他要走了，他要歸天了。我說：媽媽，今天是愚人節啊，爸爸在家裡沒事情太無聊，不要開玩笑。媽媽說，他很認真的，沒有開玩笑。我聽了趕緊跟媽媽回到家。那時小哥哥好像是住校。我們家很文明，家裡什麼話都攤開來說的。爸爸問我：媽媽有沒有告訴妳？我回答說：媽媽告訴我了。爸爸說妳坐下。爸爸不叫我坐，我還不會坐下呢。爸爸的原話我不大記得了，大概意思是：一個人不是說父母生下來就下來的，生下來時都是背著一個包袱來的。就是說，人一生做好人，還是做壞人，在包袱裡都有。好人都是會到這個地方去。他指了指天，上面有好多好多門，好人怎樣都會到這個地方，我相信我做人還不錯，我也會到這個地方去，妳們放心，不要替我擔憂。我一聽就傻了，那時候家裡已經空了，本來還有朋友，因為日本人總來搗亂，也沒什麼人來我家了。我對爸爸說：媽媽是日本人，不懂中國規矩，我也不懂，（這後事）怎麼辦呢？爸爸說：這簡單得很，我的朋友都是佛教的，妳去請教他們，他們會幫忙安排。我告訴妳日子，今天是四月一日，一直到七號是最凶的日子，我決定八號走。我聽到以後趕快去找爸爸的好朋友，上海有名的小兒科醫生，把事情跟他說了。徐伯伯過了一會兒到我家，跟爸爸說他在附近出診，看過病人後順便來看看爸爸。他幫爸爸把了把脈，聊了一會兒就走了。照規矩客人走，我們都要送到門口的，徐伯伯就對我說，看來妳爸爸拖不到那麼久，也許是今天晚上或明天早上。我說不會的，爸爸說是八號。徐伯伯走了以後，我問爸爸應該做些什麼？爸爸說，到五號，妳去找我的朋友，他們會來幫忙料理的。後來又交給我一個名單，說這上面都是去成都、重慶的人，讓我把這個名單帶到重慶去。那上面有七十幾個人名，很遺憾，這個名單後來我怎麼也找不到了。

八號下午，爸爸開始吐血，一直吐。到了晚上，爸爸突然好了，不吐了。爸爸留著仁丹鬍子，他讓我幫忙修修。爸爸為了逗媽媽開心，我剪好後他開玩笑地對媽媽說：太太，這個小理髮師還不錯，要多給點小費。我當時還想，爸爸不像要走的樣子嘛，如果朋友明天一早來念經，這不是騙人家嘛，多丟人。我哥哥這時也趕回家了。爸爸對媽媽說：跟妳夫妻三十年，都是平平安安、愉愉快快的，妳是個好太太，我也不是個壞傢伙，只有妳一個太太。因為那時好多人都有好幾個太太，爸爸只有媽媽一個日本太太。媽媽說：是呀，我也不壞呀，對你忠誠了三十年。爸爸說，不見得吧，妳不是事事對我忠實吧。就指了哥哥的小孩對媽媽說，妳告訴我說這是真如同學的孩子，這其實是海澄的孩子吧。因為那時候規定學生不能結婚，大哥海澄去重慶以前瞞著家裡在上海偷偷結了婚。大哥去重慶以後，還曾經讓我去問大嫂能不能去重慶。後來大嫂跟別人去了馬來西亞，就把小孩交給我們家，媽媽怕爸爸生氣，沒有敢講實話，只說這是我大姐真如同學的孩子，寄養在我家。其實爸爸早就知道，只是一直不說破。爸爸又跟我和媽媽說，妳們不要哭，我就要脫離苦海了。因為爸爸生病，又要東躲西藏的，其實很辛苦。第二天一清早，爸爸的朋友來家裡念經，爸爸就這樣走了，他走得很平靜。

爸爸走以後第三天，媽媽告訴我她夢到爸爸了，說爸爸穿著和尚衣服，頭上披著白紗，站在荷花上面，光著腳。過了兩個禮拜，我放學以後，順便去爸爸朋友家道謝，把媽媽的夢說了。爸爸的朋友告訴我，那不是荷花，應該是蓮花，說坐缸有一定規矩，怎麼是光著腳呢？讓我去殯儀館找懂佛的人再問問。結果我當天回家晚了。一回家，媽媽就埋怨我說，妳看妳真不孝順，不早點回來，我剛剛又見到妳爸爸了，仍舊頭披白紗，這次是坐在蓮花上，可還是光著腳。我一聽，馬上找了個同學，陪我趕快衝到殯儀館，因為天已經晚了，就快要戒嚴了。到了殯儀館，人家問我，這麼晚來這裡，妳不怕鬼？我說我爸爸是菩薩，我不怕。他們就說，居士是不是原來在小禮堂，後來轉到了大禮堂？因為當時我們家沒錢，選在小禮堂，後來爸爸的朋友不同意，就轉到了大禮堂。我趕急說對呀。他說小禮堂留下包東西。拿來一看是一包鞋。我當即就燒掉了，回去以後又買了一包也燒掉了。後來，媽媽就再也沒做那樣的夢了。爸爸還交待我們，過三年把他火葬，原來三年以後打完仗了！結果，我叔叔呀，好多親戚都來了。爸爸都算好了。本來我是基督教學校，信奉耶穌，禮拜天要上教堂做禮拜，姐姐是天主教，講聖母瑪利亞。爸爸從來也不管，無所謂，那時候上海綁票很厲害，只要學校離家近，安全就好。

姐姐當時有個男朋友，叫王漢勳，江蘇宜興人。我們都認識，很熟，姐姐當時行動都有我嘛，好多時候都會帶著我這個小尾巴。他們是在同學會上認識的。當時上海許多人中學在大同中學，大學就上了上海交大。大同中學是胡家三兄弟辦的，很有名。大同中學校長胡敦復有一子二女，他家也住在萬宜坊，王漢勳跟他兒子是朋友吧，具體什麼關係我不太清楚，胡家小女兒胡福南，跟姐姐是同班同學，就這樣大家一起參加同學會。那時候時興同學之間軋朋友，結果把王漢勳拉給姐姐，這樣大家就認識了。認識不久，王漢勳就去了重慶。後來，兩個人都是靠通信聯絡。

王漢勳是空軍，是空運隊二十大隊大隊長，管運輸，運東西、運人，還有轟炸，都是大飛機，後來執行任務時犧牲了。我大哥哥海澄從日本回國以後，不久也去了重慶當空軍。王漢勳的職位比我哥哥高好多，他是空軍二期的，我大哥哥是十一期的。

王漢勳個子高高的，人很漂亮。宋美齡那時候管空軍，她出國去買飛機的時候，都是帶上他去的。他有個好處，就是大飛機、小飛機都能開。外國人分得清得很，開大飛機的不能開小飛機，開小飛機的不能開大飛機。

爸爸去世以後，為了安全，媽媽讓我逃難去重慶，投靠爸爸的朋友于右任。當時日本、中國的飛機轟炸很多，船很遲才到漢口，重慶政府安排接我們這些家屬的人多等了兩個星期，等不到就回去了。一起的人有些就回去了，我不肯就這樣回去。當時瘧疾很嚴重，我把身上帶的金雞納膏都給了村長，說找游擊隊走。一路經湖南湘潭、長沙，身上帶的錢都用光了，後來我也得了瘧疾，路上很苦，耽擱了很長時間，輾轉經桂林到了四川。我到重慶以後，找到了有關係的人來接我，才知道大哥已經犧牲了。哥哥的同學告訴我，哥哥一直很擔心我，執行任務前還說，妹妹出來八十多天了，還沒到，不知怎樣了。我很惱，沒有能見到大哥一面，就差四天。如果我能夠早一點到，就好了。

到重慶以後，我在成都見到了王漢勳，現在想起來還很難過。那時候在打仗，訊息很不通暢，尤其是他在成都空軍，整天在上面飛來飛去，也不太經常看報，所以他並不知道姐姐犧牲了。我告訴他姐姐不在了，他也不相信，以為我們在說假話騙他。見到我以後，他很傷心，掉眼淚了，問我是不是姐姐在上海跟別人結婚了，說我曉得妳姐姐很漂亮，上海有很多人追她，她怎麼可能等我這麼長時間，況且我待在這個地方，像個鄉巴佬一樣。他一直沒有忘記姐姐。那時候給他介紹女朋友的人很多，可有一樣，他請人家吃飯時說：唉呀，妳吃這麼多飯吶，我從前的女朋友，吃飯吃的少得很！每次出國，他都買了好多東西，都是給我姐姐的東西，衣服呀什麼的，那時交通不方便，沒法帶到上海，就都存在他一個同學叫毛瀛初的家裡。當時他還想讓我住到這個同學家裡，方便照顧我。我後來被于右任老先生安排住在張大千在成都的房子裡。他執行任務犧牲前幾天，還捎信給我：聽說妳要結婚了，我讓人帶個毯子和無線電，是送妳的結婚禮物。結果再也沒見到他，當然東西也沒有收到。

媒體炒作

其實關於姐姐、哥哥犧牲的事情，過去我們在家幾乎從來都不提，大家也不說，如常過日子，也沒有找過政府。關於姐姐的事情，現在出來的書啊文章什麼的，有好多根本是在亂編，編故事，他們說我姐姐要綁票日本首相的兒子，妳說他是他爸爸派來的，幫忙中國人的、反戰的，我姐姐綁票他有什麼用？這不是胡說八道嘛？其實很多小說、文章都是在編故事，實在是很幼稚。還有，說姐姐有屋子，姐姐哪裡有屋子，根本不可能的，我們每天到時候一定要回家。

前段時間有很多人來找我，有日本人、中國人，找到我家裡問我，像妳看這個就是上海《一個女間諜》那個寫小說的，叫許洪新寫來的，希望我能告訴他我家裡的事，就是姐姐的事，爸爸的事、媽媽的事，他根本不知道情況，否則不會寫這樣的信，讓我介紹下列什麼什麼人的情況，讓我詳細告訴他。我是告訴他一點點，但寫出來好多都不對。把我氣的呀，我都罵我上海的侄子，也就是我大哥的孩子，姐姐發生事情的時候，他才兩歲，話都不太會講，知道什麼事情呀！結果兩個人（侄子鄭國基和許洪新）做了好朋友了，在一起胡亂編，一下子說姐姐跟漢奸說：到我們家裡來坐一坐；一下子說姐姐在跳舞廳門口等他們。跳舞廳，我們家裡怎麼可能有這種事情，簡直莫名其妙嘛！其實我這個侄子很愛國，親自到重慶、南京的空軍烈士公墓的石碑去找大哥——也就是他父親的名字，可是卻把我姐姐弄得四不像，就好像從前小說裡的女間諜一樣，開玩笑，我們家裡那麼古板，怎麼可能。還有，我們家與周圍鄰居的關係很好，他們出的那本書裡說鄰居們拿石頭扔我媽媽，根本不可能有這回事！我很氣我上海的侄子，不知道就不要亂編嘛。

還有這本書裡照片也修的四不像，把姐姐描的一塌糊塗，哪裡有這種笑話，畫得像什麼樣子？根本就不像了。哪有一個人的嘴像鳥的嘴一樣，突出來的？不提了！姐姐個子很高，五呎六吋，照相的時候總是人有點縮起來。還有，那時照相穿的衣服都很特別，是當女嬪相穿的，特殊場合才穿，平時生活中都不是這樣的。

李安的電影我沒有看過，也不感興趣。聽說他請人吃飯，來了好多記者，可能是記者多事吧，說李安想見我。我沒有理他，有什麼可說的？我們沒什麼話可談。那時候我就開了一個記者會，我在記者會上沒說什麼，我也沒罵人，也沒說什麼，就發了一個聲明，只是說我很氣憤。我就是表白一下，電影不真實。後來好多記者來過，還有香港的鳳凰衛視。那時候我請了一個律師，姓方，後來才知道請錯了，原來他跟李安他們都熟得不得了，糟糕的很。後來我就給了他一點錢，就算了。他就寫了這麼一封律師信，就在報紙上一登，有什麼用？

妳看這個是日本人寫的東西，我覺得很有意思，寫我媽媽的身世。有人在日本拍了一個電視片，他們到我家裡，跟我談過一點點，我反對了，說裡面的衣服也不對，時間也不對，講話的態度也不對，你們拍電視一定要經過我本人同意。結果片子拍出來後也沒有給我看。有朋友看到了，告訴我的，那時候我有好多情報來源。

我們家裡的家教很嚴，父親管我們管得很嚴，尤其對姐姐，我們每天到時候一定回家，姐姐根本不可能在外過夜，哪裡會在外面自己有房子？他們說姐姐帶著槍去七十六號自首，那也不對。姐姐是從家裡去自首的，我們家根本不可能有槍的。再說姐姐怎麼可能帶著槍去，那還不一下子被搜出來呀？有許多話，他們怎麼可以亂寫？很幼稚，都是不可能的事情。還有的說姐姐讓姓丁的到家裡來坐坐，準備在家裡進行暗殺，我們家裡面有老、有小，這麼多口人，妳說這可能嗎？怎麼搞行動，不是很可笑的事情？根本不符合事實嘛。有許多話很可笑，說姐姐在跳舞廳門口等，要找機會認識丁默村，姐姐怎麼可能這麼做？首先跳舞廳，說起來在我們家都是根本不可能的事情，根本扯不上關係；還有姐姐確實很漂亮，她守在那裡，人家一下子就會注意到，所以說真是很幼稚，怎麼可能呢！

因為媽媽是日本人，還有表舅的關係，我們家跟很多高尚日本人關係都很好，姐姐也跟很多高級的日本人都有來往，很熟悉的，經常參加他們的聚會。她要搜集情報，根本不需要去找漢奸。所以說那些書呀什麼的，根本是在瞎編。再有，就是一般有活動，姐姐也都會帶著「小尾巴」，或者我，或者小哥哥。我那時還小，去應酬不是帶我，多數是小哥哥跟著。我有時會被帶去參加那些反戰日本人的會議。他們有一個辦公室，很大的旅館裡，租了一層，幾間屋子。我一般都是在外面，有桌子、茶几什麼的，上面有些吃的、喝的東西，政治方面的事情我就不懂了。

那時爸爸和姐姐做事應該是分開的，爸爸有段時間很不高興我姐姐，回到家裡看到姐姐，我總是感覺他心裡有什麼特別的情緒。可能是爸爸不知道姐姐做的事，肯定是有朋友在外面看到了，回來講給爸爸聽，說你家小姐經常跟日本人在一起，怎樣怎樣的……。後來郁華給打死以後，姐姐就跟爸爸公開了她做的事，兩人的關係就好了。每天早上爸爸要上班去，經常會說：「我要去上班了，有沒有人有什麼事要我辦呀？有沒有信要去寄呀？」姐姐就說：「爸爸，……」爸爸就笑眯眯地說：「又是妳呀！那拿來吧。」這說明他同意姐姐和王漢勳的關係了，他認可他們倆交朋友的關係了。所以說起來，我們家裡是很快樂、很幽默、很不錯的家庭。像電影、小說裡說的那些，好多都不是真實的。

還有一樣不好的事情，就是人家認為做間諜就都是浪漫得很，總是怎麼怎麼樣，姐姐又很漂亮，做這種事，就是利用這個啦，其實不是這樣的。想想真是太過分了！太氣憤了！唉，姐姐也真是……當然姐姐漂亮，有人喜歡她是另外一件事。被人喜歡很普通，我們也可能會有人喜歡嘛。

其實日本人還是很敬重我姐姐的，很尊敬我們家，特別是那些反對戰爭的日本人，如果不尊敬，事後就不會與我們再來往了。我還記得珍珠港事件的前兩天，有個日本人打電話來我家，那段時間家裡的電話都是媽媽接，他們講日文，意思讓爸爸趕緊逃走。我媽媽問為什麼要爸爸逃走，那邊就說日本人要進租界了，會對你們不利。媽媽問為什麼要告訴我們，那邊說因為我們欽佩愛國的人。

姐姐後來也救過共產黨。我記得有一個女的，是福建人，帶個孩子來，胖胖的，讓姐姐幫忙救她丈夫，因為我父親在法院有一定生殺權。姐姐幫她找了一個律師，教他寫一份悔過書，後來救出去，送到內地去了。還有其它的我就不記得了，只是因為她常常到家裡來找姐姐，帶個孩子，所以我記得。

本來想要出本書的，是中文，計劃在美國出，有兩個朋友幫我整理材料，因為我太生氣，前段時間一直生病，也就給耽擱下來了。我也是想不開的人，想到從前的事情，心裡覺得太冤枉，想到愛國愛到我們家這樣，哥哥、姐姐、爸爸、媽媽，還有姐姐的男朋友，最後被人家隨便拿來這樣亂寫，真是太冤枉了。唉，風風雨雨總是有很多事情，不提了。

注釋

1. 國民政府文官處公函：〈準中央撫恤委員會三十六年十一月四日撫字第一八一八號函請轉陳明令褒揚鄭鉞同志一案經陳奉〉，複印件。引文中標點為筆者所加。

十、「七十六號」特工總部

按：當年家喻戶曉的「七十六號」是殘害愛國人士的魔窟，魔頭李士群、丁默村等都是血債累累的劊子手，然而，這裡也是隱蔽戰線上，各方諜戰高手們生死搏鬥的戰場。可是據調查，當下八〇、九〇後群體中，不知「七十六號」為何物者大有人在。幾年前《色戒》之類，竟受到粉絲們如醉如癡的追捧、熱議，倒也喚醒了有識之士憂患意識的萌發——若干年後，當所有親歷者全部謝世、當娛樂主義進一步覆蓋到精神文化領域的各個層面時，李士群們不知會被詮釋成何等角色，所以，重溫七十六號的歷史，以史為鑒極其必要。

七十六號的來源

一九三九年九月五日，汪偽「中國國民黨中央執行委員會特務委員會」在上海成立。此前，漢奸丁默村、李士群即在日本指使下建立了特工組織，機構設在上海大西路七十六號。後因此處活動不便，又由日本特務晴氣慶胤親自選定極司菲爾路七十六號作為特務活動場所。九月五日，在汪偽「國民黨召開的六屆一中全會」上，正式決定成立「中國國民黨中央執行委員會特務委員會」，特務會下設「特總部」，以丁默村為主任，李士群、唐惠民為副主任。

「七十六號」的創始者是李士群。早年參加過共產黨，曾赴蘇聯學習，後被捕叛變成為國民黨的中統特務。一九三八年又投靠日本特務機關當了搜集情報的漢奸，日軍侵佔上海後，為急於控制上海，便出錢、出槍，指令李士群儘快建立漢奸特務組織。李士群覺得自己的號召力不夠，請來了甘當漢奸的軍統、中統雙料特務丁默村。

他們網羅願意降日的軍統、中統人員作骨幹，另收買流氓、地痞等社會渣滓作打手，拼湊起了一個漢奸特務組織的班底。經日本特務機關「梅機關」的晴氣慶胤中佐選定，將極司菲爾路七十六號的原安徽省主席陳調元公館作為丁默村、李士群特務組織的駐地。

一九三九年五月，叛國投敵的汪精衛來到上海籌建偽政權。日本侵略軍為增強汪偽實力，遂將丁默村、李士群的特務組織撥給了汪精衛。力量薄弱的汪精衛立即把這個特務組織當作自己實施傀儡統治的支柱之一。丁默村、李士群分任汪偽「特工總部」的正、副主任，但「七十六號」的真正主人，卻是日本特務機關。「七十六號」內駐有一支由澀谷准尉統領的日本憲兵分隊，職責就是監視「七十六號」的漢奸特務。「七十六號」每採取大的行動，不但要事先知會日本特務機關，還要在日本特務機關派員督導下方能實施汪偽特工總部的俗稱，以其所在地得名。汪偽國民黨六屆一中全會正式成立中央特務委員會，下設特工總部於該處，以丁默村為主任。

七十六號的誕生

一九三八年，抗日戰爭已經持續了將近一年，處處愁雲慘霧。唯獨上海的英租界和法租界依靠外國人的勢力依舊超然於戰禍之外。而且國民黨的兩大特務機構（中統和軍統）在上海大量潛伏特工，刺殺漢奸和日本人，給日本人造成了很大的創傷。但是日本間諜（特高課）在上海根本無用武之地，所以日本特務土肥原賢二才會想到創建和中統、軍統一樣的特務組織——汪偽七十六號。另一方面，當時由於國民黨副總裁汪精衛的叛變，使得戴笠（軍統的特務頭子）派出了軍統天津站的十九個特工到越南進行對汪精衛的暗殺。結果暗殺失敗（殺了汪精衛的秘書），使得日本認識到了汪精衛的重要性，因而使七十六號誕生。七十六號誕生後，由於人手不夠，李士群曾經想辦法和青幫老大杜月笙拉攏關係，結果失敗了，後來，李士群又拉攏了另外一個青幫頭目——李雲卿，因此李雲卿的弟子也投靠了七十六號。就這樣一棟洋房，一筆經費，幾枝槍，上海最讓人聞風喪膽的特務機構就此開張。

七十六號的機構

七十六號是日本侵華政策的產物。一九三九年在日本駐滬領館引薦下，已經投敵的原國民黨特務李士群、丁默村與日本軍部代表土肥原賢二會面，提出《上海特工計劃》，得到重視。日本大本營下達了《援助丁默村一派特務工作的訓令》。一九三九年五月汪精衛抵達上海組建偽政權，日本軍部決定讓李、丁部與汪部合流。經過汪偽國民黨「六大」，汪偽國民黨中央執行委員會特務委員會特工總部正式成立，由周佛海任特務委員會主任委員，丁默村任副主任委員。李士群任秘書長，以丁默村為特工總部主任，李士群為副主任。

七十六號的酷刑

在汪精衛直接領導下，由特務委員會周佛海、丁默村、李士群直接指揮，設有慘無人道的酷刑三十八套，如吊打、坐老虎凳、灌辣椒水、電刑、鋼針刺指，設有天牢（吊捆在半空中暴曬）、地牢和水牢。為在社會上製造恐怖氣氛，「七十六」號在路燈下懸掛血淋淋的人頭，向人家屋內扔斷手斷腳，在人家門上插匕首、寄子彈、恐嚇信等，甚至跟蹤綁架人質。僅一九三九年至一九四三年，不足四年的時間內，「七十六」號製造的暗殺、綁架事件達三千餘件，每年近一千起。僅僅一九三九年八月三十日至一九四一年六月三十日，上海報人遭暗殺的有：《大美晚報》朱惺公、程振章，《大美報》張似旭，《申報》金華亭。還有積極主張抗日救國的其他報人，如李駿英、邵虛白、趙國棟、馮夢雲、周維善等。為了推行偽幣，在銀行製造血案，如一九四一年三月二十一日，在霞飛路（現淮海中路）一四一一弄十號，用機槍掃射，當場打死六人，打傷五人。次日在中國銀行宿舍綁架員工達一二八人。三月二十四日，又在中央銀行和中國農民銀行門口放置定時炸彈。「七十六」號對共產黨人更是窮兇極惡，百計千方，不擇手段。

七十六號的累累罪行

倒在七十六號特務機關槍下的第一人——郁華

一九三九年十一月二十三日上午，一位五十來歲戴眼鏡的男人，照常走出家門，準備去上班。誰知他剛出家門，只聽砰的一聲，一個埋伏已久的殺手向他射出了罪惡的子彈。被殺者是江蘇高等法院第二分院刑庭庭長郁華，兇手正是汪偽政府下屬的「七十六號」特務機關。那麼到底是什麼使郁華招致了這樣的殺身之禍呢？郁華被殺緣起一樁報館打砸案。汪偽政府為壓制租界內報紙的抗日輿論，一九三九年七月二十二日，七十六號派了幾個打手嘍囉砸了《中美日報》。

打手被公共租界巡捕房抓獲，並被判了刑。七十六號找了代理律師提出上訴，並寫信給將承審這件上訴案的江蘇高等法院第二分院刑庭庭長郁華，進行恐嚇，要他撤銷原判，宣告無罪，否則與他本人不利。郁華是著名作家郁達夫的胞兄，他富有正義感，不向漢奸特務惡勢力低頭，仍維持原判，將上訴駁回。不久，就發生了一位正義的地方法官就這樣慘死在了特務的槍下。

茅麗瑛被殺案

十二月又發生了茅麗瑛遇刺案。茅麗瑛是上海海關的一個職員。上海淪陷後，茅麗瑛擔任中國職業婦女俱樂部主席，並且加入了共產黨。一九三九年七月，她多次組織為抗日部隊募捐的大型活動，聲勢和社會反響很大，「七十六號」恫嚇她，還派人去現場搗亂。在法庭上，茅麗瑛指認那些破壞者，進行了面對面的交鋒。一九三九年十二月十二日，七十六號派人埋伏在南京路、四川路職業婦女俱樂部附近，當茅麗瑛走出職業婦女俱樂部時，開槍射擊，她腹部中彈被送至醫院，雖被取出彈頭，但是因為彈頭事先已被塗過毒，三天以後，茅麗瑛離開人世。抗日志士茅麗瑛的死，在上海灘引起了很大的轟動，有二千多人不畏「七十六號」和日本憲兵的威脅，參加茅麗瑛的葬禮，她的葬禮成為了上海孤島期間一次影響非常大的抗日活動。

詹森被殺案

八一三淞滬戰爭結束後，國民黨軍隊雖已撤出上海，但許多中統、軍統特務留在了租界，他們不斷對投敵分子採取行動，因此蔣方特工與汪偽特工在孤島展開了血腥特工戰。季雲卿是上海灘有名的大流氓，丁默村、李士群等都是他的徒弟，七十六號的成立，季雲卿曾出了不少力。一九三九年秋天，國民黨軍統派特務詹森將他殺死於家門口。因為刺殺行動未暴露，詹森沒有離開上海，還把行刺用過的一枝小手槍送給了姘婦盧文英。盧文英又把手槍送給了一位姓張的大流氓，還把手槍的來歷吹噓了一番，沒想到，這位流氓與七十六號有勾結，便把情況告知丁默村。很快，詹森就被七十六號抓獲，審訊之後，馬上槍決。

戴星炳被殺案

一九三九年九月，軍統派少將級特派員戴星炳來滬，伺機暗殺汪精衛。不料，行蹤暴露，被七十六號逮捕。丁默村、李士群想利用戴與重慶軍統建立協作關係，戴當即表示同意，並致函重慶，不久收到重慶方面的回信，批准戴與「七十六號」合作，丁默村、李士群本打算放了戴星炳，但仔細研究了信件後，發現信上有些字的筆跡比較粗，如果把這些字連起來，得出與全信內容相反的意思，即指示戴假裝合作，伺機執行暗殺。「七十六號」很惱火，馬上把戴星炳槍決了。

中儲行上海分行被襲案

一九四一年汪偽政府為了控制淪陷區的金融，發行「中儲券」作為通貨，造成上海金融界的混亂。重慶國民黨政府為了保持淪陷區法幣的地位，打擊中儲券的發行，利用留在上海租借內金融實力，予以抗衡；同時，又利用潛伏在上海租界內的軍統特務，襲擊中儲行上海分行，暗殺中儲行工作人員多人。汪偽財政部長周佛海得知偽中儲行上海分行被襲擊，人員被暗殺，大為震怒，遂下條子給「七十六」號頭子李士群，要「七十六號」馬上採取行動報復，報復的手段之殘忍，在中國的暗殺史上可以說達到了「登峰造極」的地步。三月二十一日，「七十六號」的一批特務來到霞飛路（今淮海中路）一四一二弄十號江蘇農民銀行宿舍，將所有職員十一人集中排好隊，然後用機槍掃射，結果造成六死五傷。當天晚上，「七十六號」又出動大批特務，乘坐兩輛汽車，駛到中國銀行集體宿舍，這裡住著許多中國銀行的職員和家屬。汪偽特務破門而入後，就照著事先準備好的名單抓人，分兩批將近抓了二百個人，押回「七十六」號嚴刑拷打。在製造了這兩件駭人聽聞的大案後，「七十六號」仍不滿足，接著他們又做了幾顆定時炸彈放到中央銀行和交通銀行，炸彈威力很大，死傷二十餘人。軍統也不甘示弱，他們把正在醫院治傷的偽中儲行的一位科長劈死在病房。「七十六號」為報復，又來到中行別墅，殺了三人，所謂一命抵三。「七十六號」接連製造了幾起銀行慘案，濫殺無辜百姓，引起了輿論強烈譴責，汪偽集團更加聲名狼藉。蔣汪特工混戰，殺得難分難解，結果是兩敗俱傷。戴笠示意在香港的杜月笙設法調停，雙方罷戰。

七十六號的具體地址

位於滬西極司菲爾路北七十六號（今萬航渡路四三五號），與其東鄰七十四號、馬路對面七十五號均為當年外國人向道台衙門購買土地修建的花園洋房，門牌為公共租界的藍底白字門牌。淪陷前為安徽省主席陳調元的住宅，有一座洋樓、一座新式平洋房、一座很大的花園。

七十六號的洋房外貌

大門為西式，門內的東邊在一九三九年九月一日召開汪偽國民黨六大之後、一九四〇年三月「國民政府還都」之前，建了南北相對的兩長條二十餘間中式平房，作為汪偽國民黨中央社會部使用。大門明軒的東邊建了一座面對極司菲爾路的瞭望台。想進大門的人得有淡藍色的通行證。

二門原為西式，「七十六」號改為牌樓式，中間為門道，上方匾額為藍底白字的「天下為公」；左右兩間砌為槍眼，架設兩挺機槍，作為警備之用。想進二門的人得有淡紅色的通行證。

二門之內的東邊，增建了南北相對的兩長條二十餘間中式平房。南方最西端一間，是警衛大隊長吳世寶的辦公室。北方最西端一間，是審訊室。其餘的是警衛大隊駐地，後來成為「七十六」號各處室的辦公地。

二門之內的西邊斜對過，是一座三層洋樓，稱為「高洋房」，想進高洋房的人得有別在衣領後的特殊標誌。走上樓梯，迎面是穿堂和樓梯。一層東邊第一間是會客室，裡面有兩個交際花作為接待員。會客室後面是一個裡外間，外間是電話接線間，有三個男接線員分三班輪值，兩個交際花有時也來幫忙；裡間是儲藏室。會客室對面是大菜間（餐廳），裡面有門通向後面的會議室，會議室也是新參加「七十六」號的特務的宣誓室。

二層東邊，會客室的上方是丁默村的辦公室兼臥室，不過他只住在附帶的浴室裡。丁默村的房間對面是李士群的臥室。兩個臥室之前為李士群的辦公室，但丁默村也放了一張辦公桌，但從不去辦公。李士群的臥室左邊，有一條狹長的走廊通向客房和高洋房以西的大禮堂。另有一條甬道通向後面吳世寶的臥室，甬道旁有兩間專關女犯人的小囚室。

三層的兩間為犯人優待室，在樓梯口有鐵柵欄，有專人把守。高洋房前是一座很大的花園，花園西邊的一個大花棚被改為看守所。花棚西邊新建了一座兩間的樓房，作為電務室，電台設在這裡。花棚前面是一座三間的平洋房，建築形式新穎，作為日本憲兵督導之用。

高洋房西邊有一座三間兩進的石庫門樓房，後來打通了樓下的房間，天井搭上玻璃天棚，搭了一個講台，改為可容二百餘人的大禮堂，汪精衛的「中國國民黨第六次全國代表大會」就在此召開。一九三九年九月一日召開汪偽國民黨六大之後、一九四〇年三月「國民政府還都」之前，一部分作為肅清委員會使用，另一部分作為汪偽國民黨中央社會部使用。

「七十六」號西鄰華村是一條死胡同，一九三九年九月一日召開汪偽國民黨六大時被佔用，作為代表的住所，後來作為「七十六」號、肅清委員會、汪偽國民黨中央社會部的高官的住所。為此把華村的弄堂門封閉，在「七十六」號西牆開了一個便門，從「七十六」號大門出入。

十一、蘇軍總參謀部情報部（情報總局）

按：李士群、武田毅雄、中西功等都是蘇軍總參謀部情報總局的情報員。二戰期間，以武田毅雄、中西功、李士群為核心的影子小組，是蘇諜遠東情報網中的一張王牌，為實現蘇聯的遠東戰略，做出過巨大貢獻。

格魯烏的發展史

格魯烏（GRU），是蘇軍總參謀部情報部的簡稱，其歷史就目前而言顯得十分混亂。究其原因倒不光在於GRU本身曾經幾度沉浮，更主要的是自它誕生以來——就像一位格魯烏的叛逃者所寫的那樣——格魯烏就一直是「蘇聯所有情報機構中最機密的一個」。

要看清「格魯烏」的發展歷程，我們只能從俄軍自身的發展過程來看，因為「格魯烏」本身就是完全隸屬於軍方管制的情報機構，這一點和偏向於情報的「克格勃」有所不同。

俄國十月革命勝利後的第二年，即一九一八年，蘇聯紅軍於六月份組建了東方戰線，下轄五個集團軍，同一天，東方戰線建立第一個登記部，統管情報工作；隨後組成的一些新的戰線又都組建了自己的登記部和自己的情報網。然而此時蘇聯已經有了名為「契卡」的情報機構，也就是後來的克格勃。契卡也有自己的情報網，於是自然而然的處處與部隊的登記部發生了衝突。到了年底，各個戰線的登記部都開始正常運轉，但是唯獨紅軍總參謀部沒有自己的情報機構，於是在十月二十一日，列寧簽署法令，成立「共和國野戰參謀登記處」，這是一個在俄國各紅軍部隊已建的軍事情報機構的基礎上建立的全國統一的軍事情報最高領導機關，這就是最早的格魯烏。「登記部」成立後，從契卡派去一個名叫阿拉諾夫的人去任部長，他在形式上仍然保留著契卡成員的頭銜。從這時開始，便形成了一條不成文的規定：軍隊情報部門的首腦必須從秘密警察的高級官員中選派。

兩年後，列寧在錯誤的情報指導下進攻波蘭，戰鬥失利。痛定思痛，列寧決定整頓情報工作，揚・卡爾洛維奇・別爾津走馬上任「登記部」。不久，別爾津對「登記部」進行了改組，組建了情報局，以代替「登記部」。後來這個機構被稱為紅軍參謀本部第二局，最後定名為總參謀部情報部，即「格魯烏」。

一九三七～一九三八年間，蘇聯發生了著名的大清洗運動，包括別爾津在內的大批紅軍情報部門人員被殘酷的「清洗」，整個格魯烏幾乎陷於癱瘓狀態。次年，蘇聯紅軍進攻芬蘭，因情報跟不上被重創。

幸運的是，在這場動亂中大批在國外工作的格魯烏人員得以倖存，這為即將到來的第二次世界大戰打下了牢固的情報基礎。

二戰爆發後，軍事情報重新得到克里姆林宮的重視，一九四〇年六月，菲利普・戈利科夫被任命為總參情報部部長。在他的領導下，格魯烏很快又高效運轉起來，源源不斷的情報從全世界各地不斷的傳送到莫斯科格魯烏總部。

史達林親自任命菲利普・戈利科夫前往歐洲和美國，疏通各種有利於蘇聯的情報通道，很快，格魯烏便在全球建立了頗有成效的情報網絡。其中在歐洲主要是搜集各種軍事情報，以利於展開軍事行動，在美國則主要是搜集軍工科學方面的信息，這對發展蘇聯的國防工業產生了極大的幫助。

整個二戰期間，格魯烏在全世界建立了幾個至今仍為人津津樂道、也是情報界視之為樣板的情報網，主要有：歐洲的特雷帕爾情報網、「紅色樂隊」情報網、「拉多」情報網；亞洲地區的左爾格情報網；美國的阿姆托格公司。

特雷帕爾情報網在法國、比利時、丹麥、荷蘭和德國開展活動。這個情報網準確的提供了德軍即將入侵蘇聯的情報，但是當時史達林並沒有相信。在整個戰爭中，特雷帕爾情報網提供了大量的關於德國、意大利的政治、軍事方面的動態、數據和政策等情報，為戰爭的進展發揮了巨大作用。

「紅色樂隊」情報網主要在德國活動，有一百來個成員，兩個德國人是他們的頭兒。這個情報組織的很多成員滲透到了德軍的高級職位，因此能提供了有價值的軍事情報，包括軍事部署、武器等等。

「拉多」情報網設在中立國瑞士。「拉多」能夠回答蘇聯關於具體的德國軍事單位、德軍將領和希特勒總部的詢問，以及其他許多在戰爭中具有決定意義的問題。這些情報大部分是在柏林有關的總部知道後不到二十四小時，莫斯科就能收到。

一九二九年底，左爾格和他的兩名蘇聯同事一起被派到中國的第一大城市上海，這裡是他間諜生涯的第一站。從此以後，左爾格在遠東從事了很多年情報工作，其卓有成效的情報使得蘇軍在戰略上步步得勝，為最終的勝利奠定了基礎，對莫斯科保衛戰的勝利做出了巨大的貢獻，有的歷史學家說：是左爾格拯救了莫斯科，拯救了蘇聯。

二戰後格魯烏曾經一度消沉，但是冷戰的到來使得格魯烏再次活躍起來。其間經過一系列波折，在一九五三年，貝利亞將國家安全部併入內務部，自任命為內務部部長，同年六月，貝利亞被捕並被槍斃。從此以後軍隊逐漸開始掌權，朱可夫元帥使總參情報部完全從屬於軍隊的一個部門，這時的格魯烏又佔據了國家情報的半壁江山。一九五四年克格勃開始崛起，逐漸的形成了國家安全和警察這兩大體系，再以後格魯烏逐漸受控於克格勃，但是克格勃始終無法取代格魯烏的軍事地位。一九八七年底，科裡沃斯耶夫少將擔任了格魯烏第十九任領導，軍人出身的他很快使格魯烏開始擺脫了克格勃的控制。格魯烏主任作為國防部長的助手，可間接地參加重大問題的決策工作。

蘇聯解體後，格魯烏這個機構也隨之煙消雲散，但是格魯烏並沒有消失，他們的影子仍然出現在俄羅斯的各個戰場上，但是相比從前，他們的行蹤則顯得更加隱秘。

格魯烏的組織結構

格魯烏總部設在莫斯科市阿爾巴特街的蘇（俄）軍總參謀部內，代號是四四三八八軍事部。總部內約有五千餘人，派到外國的諜報人員另有一千三、四百人，估計各類人約十萬人，每年經費預算為十五億美元。格魯烏的人事權、對外間諜情報活動的計劃和安排等，都要受到克格勃的監督與控制。

該部機構設置分為部、局（直屬處）、處（室）、科四級建制。共二十二個局、二個院、所，十個處、室。一個直屬科。第一局為歐洲軍事戰略情報局。第二到第四局是對其他地區進行秘密情報活動的軍事戰略情報局，第二局負責搜集北大西洋和東歐各國的戰略情報，第三局負責搜集美、英和中南美各國及英聯邦各國的戰略情報，第四局負責搜集從中東到亞洲各國的戰略情報。第五局是作戰情報局，負責軍事作戰方面的所有謀略破壞活動。第六局是電子情報局。主要進行電子情報活動。第七到第十二局都是情報資料研究機構。此外還有特別行動局，主要進行對外顛覆破壞、暗殺、綁架、策反、心戰等活動；空間情報局，負責間諜衛星情報；外事局，又稱國防部外事局，負責蘇（俄）軍的外事活動，並從中進行間諜情報活動；訓練局，負責培訓間諜情報人員；行動技術局，負責所有諜報人員的技術裝備、設備；行政技術局，負責外匯和黃金等貴重物品；另外還有通信局、人事局等。

比較重要的直屬處有：直屬第一處，負責莫斯科地區的間諜情報活動；直屬第二處，負責在柏林地區的諜報活動；直屬第三處，負責在第三世界和恐怖組織中進行諜報活動；直屬第四處，負責在古巴對美國進行諜報活動；直屬第五處為政治處，直屬第六處為財務處；直屬第七處為護照處，負責研究、偽造各國護照相各種票證；直屬第八處，負責文件的加密和解密；直屬第九處為檔案處。

除此而外，格魯烏還掌握一支秘密的特種破壞部隊，領導各武裝部隊的情報部門，還有專供格魯烏挑選幹部的學校，如基輔的聯合軍事學院，伏龍芝學院也有一個系在訓練未來的偵察員，蘇聯駐外使館武官和航空公司駐外辦事處人員也由它派出。

十二、「梅機關」

按：梅機關長影佐禎昭是李士群的庇護者

簡介

梅機關是抗戰期間，日本政府和參謀本部於一九三九年八月二十二日，在上海建立的一個特務機關，主要職責是負責扶植、監視以汪精衛為首的偽國民政府。因該機關選址在上海虹口日本僑民聚集區一座被稱為「梅花堂」的小樓裡，因此在日本內部被代稱為「梅機關」。

當汪精衛一九三九年五月從越南的河內回到上海後，開始籌建偽國民政府。日本的軍部派出了以影佐禎昭為首的一批軍政人員，以上海東體育路七號為據點，謀劃支特江精衛成立偽政權的各項活動。同年八月二十二日，正式成立了特務機關，影佐禎昭少將擔任機關長，其他成員包括來自陸軍省、海軍省、外務省、興亞院的代表，並有所謂的民間國會議員、「新聞記者」等三十多人，其中幹部階層有犬養健（首相犬養毅的三子）、清水董三（日本大使館書記官）、須賀彥次郎（華北日本海軍特務部代理部長）、西義顯（「滿鐵」上海事務所南京支所所長）等人。

汪偽政權設在上海的「特工總部」，原是由漢奸特務丁默村、李士群為首在一九三八年直接由日本帝國主義控制成立的一個特工組織，機構原設在上海大西路六十七號。一九三九年與汪偽集團合流後，特務組織擴大，人員增多，原址地方太小，遂遷至極司菲爾路七十六號，以此地作為該特務機關活動場所。所以，「七十六號」又成為該特務機關的代名詞。七十六號在汪精衛來到上海組建偽政權之前，是直屬於梅機關的，極司菲爾路七十六號這個地址也是梅機關的晴氣慶胤中佐選定的。後來移交給汪精衛直屬後，在七十六號內仍駐有一支由澀谷准尉統領的日本憲兵分隊，職責就是監視七十六號的漢奸特務。七十六號每採取大的行動，不但要事先知會日本特務機關，還要在日本特務機關派員督導下方能實施。換而言之，梅機關實際上是日本軍部在中國大大小小的特務組織、分支機搆的領導核心。

歷史沿革

一九三九年十二月，梅機關曾代表日本政府與汪精衛秘密簽訂了《日支新關係調整要綱》

一九四〇年三月汪偽政權成立後，該機關又成為日本帝國主義控制和操縱汪偽政權的後台老闆和聯繫人。影佐禎昭則充任汪偽政權的最高軍事顧問。日本參謀本部稱影佐對汪偽的工作為「梅工作」，該機關更名為「最高軍事顧問團」，內部仍稱為「梅機關」。實際上，此時的梅機關已經成為了汪偽政權的頂頭上司。

【後記】——搶救真相義不容辭、刻不容緩

從上世紀末開始的採訪算起，這個文本的成稿過程時斷時續，前後經歷數十年，居然「跨世紀」。起先，這個家庭的榮辱盛衰，是作為這個時代劇變中，個體命運的個案，進入我的視線的。在往後的歲月中，我從陳將軍當年的戰友溫啟明先生、王應錚夫婦諸前輩及其女兒陳維莉女士那裡，瞭解到許多有別於流行敘說的「獨家新聞」：據台灣原中統局的檔案資料記載，刺丁案的指揮人是中統陳彬將軍（又名陳彬昌）。一九三九年九月，原中統上海區的兩個副區長蘇成德、胡均鶴叛變投敵，區長徐兆麟僥倖逃脫，中統僅在上海就有四十餘人被捕，上海江蘇一帶組織幾乎被一網打盡。在組織解體的嚴重關頭，原中統香港組的少將組長陳彬臨危受命，「一九三九年冬，陳彬奉命調回上海，任中將級站長」。陳彬到上海後，即與已深入虎穴的鄭蘋如等會合，組成鋤奸小組，實施暗殺行動，可惜功虧一簣。李士群暴斃後，中統安插在李身邊的隱蔽戰士陳彬，隨即又接受新的潛伏任務，南下廣州，再次潛伏於敵營，任廣東省海防副司令。一九四五年春，陳彬成功策反廣東海防司令及其部下，刺殺了日寇華南派遣軍特務機關長柴山醇後，不幸壯烈犧牲；抗戰勝利後，殺害陳彬的「兇手依法被判處死刑，國民政府頒發陳氏（按，即陳彬）遺屬撫恤金十年，子女就學讀書免費，併入祀抗日烈士紀念堂，以慰忠魂。」

陳彬將軍「刺丁」失手後，又奉命潛伏蘇州，而正巧我的童年是在抗戰後期的蘇州度過的。童年時的我，愛聽大人們茶餘飯後的閒談，於是淪陷區的群魔狂舞、亂世中的種種怪象、各路英雄梟雄奸雄的名字，統統進

入了我的記憶中。汪偽特工大頭目、偽江蘇省主席李士群被毒死的新聞，曾是蘇州人的熱門議題。在熱議李案的那些日子裡，家裡的大人們每天都會在茶餘飯後交流著從坊間聽來的最新信息。記得有一天，二舅剛進門還沒坐下就說：「呵，醫生化驗結果，李士群嘴唇上找到幾十種毒菌，哪有不死之理……」。二舅眉飛色舞的神態至今記憶猶新。那時我就聽說過陳彬的名字，這位奉命潛入敵營的臥底將軍，深得李士群的重用，其時側目而視者有之，相爭攀附者也有之。有一位顧醫生一度經常出入我家，後來難覓蹤跡，聽二舅媽說，這是因為顧太太在牌桌上結識了李士群的親信陳彬的夫人，並與陳太太結拜為姐妹，所以不屑再與我們平常人家來往。而後，在李士群暴死後，陳彬就突然人間蒸發，只留下陳太太還在蘇州，但已門庭冷落，太太圈的麻將桌上也難覓其蹤跡……常言道，童年的記憶像刻在石板上的花紋，但怎麼也不會想到，幾十年後的巧遇，會再喚醒上述那些沉睡的童憶。

這世界真小，一九五〇年我在上海江灣中學住宿，週末到家母的宿舍度假。家母施瑋，又名施雅媛（一九二二～二〇〇二），浙江南潯人，南潯中學高材生，略有文采，深得當年任教於潯中的詩人徐遲青睞。徐遲的髮妻陳松女士是家母同班同學、閨中密友。抗戰勝利後，徐遲隨南潯中學校長林黎元先生到蘇州向校友募捐，曾在我家租賃的皇宮後二號暫住，林、徐下榻在二樓面對果園的主臥室裡。後來在一份南潯中學復校捐款人的名單上，我看到了家母的名字。一九四八～一九四九年，我在南潯中學附屬小學住讀，徐遲先生的大女兒徐律是我童年的玩伴。南潯解放後，徐遲因姐夫伍修權的關係全家遷京，我們就失去了聯繫。抗戰時期，古鎮南潯慘遭日寇蹂躪，外公帶全家六口到鄉下避難，於是家母遭遇了那場決定她一生命運的婚姻。外婆說，我出生在蘇州小豬弄。一九四五年，任職於忠義救國軍的家父曾祥禧因在汪偽軍中策反事敗，被昔日的拜兄弟沈某某殺害。而我隨外婆住在二舅家，家母則到上海大夏大學（今華東師範大學）求學。輟學後到蘇州私立立達小學任教，一九四八年到上海霍山路國民小學任職。解放前參加了共產黨的地下組織，與何祥芳（其女後來任上海市政協主席）等編在同一小組，何的丈夫陳雲濤解放後任上海師範學院（今上海師範大學）院長，家母在世時，每年總會去新康花園何家與他們相敘。家母以樸素而真誠的激情迎接解放，五十年代初，被任命為上海提籃區（現已併入虹口區）惠民路小學校長，借宿在學校的辦公樓裡。

一天大舅來訪，聽見家母神秘地對他說，李士群時期在蘇州炙手可熱的陳彬的太太，現在這裡做教員，要不是公安局來指認，根本認不出鉛華洗盡後的陳太太，與當年的華麗富貴判若兩人……一晃又是八年過去了，一九五八年我曾向家母打聽陳彬女兒的消息，家母這才向我透露了一個本不該透露的秘密：一九四九年後，陳彬夫人溫斐的親友幾乎全部離開大陸，惟夫人溫女士一人帶著女兒留在上海，公安認為疑點頗多，疑似特嫌。公安在溫家周圍佈置了居委會積極分子監控，同時也經常到溫女士任職的小學瞭解情況。而作為該小學校長、共產黨員的家母，就無法避免地成為公安隨訪的首選對象。家母為人正直，把溫女士在教育第一線敬業盡責的實際情況如實彙報。而公安提醒，要看透假象後面的本質，等等。由於家母不願昧心編造並不存在「特嫌」證據，因此無法滿足公安的要求。不久，家母調至外區任職，一九五八年溫女士被送安徽勞動教養，隨即，病逝農場。從陳彬遺屬的家變中，折射出時代大變遷中個人的渺小和小人物在命運面前的無力、無助、無奈。正如家母所說，在五〇年代初遇溫女士時，面對眼前這樣一個平凡無奇的小學教員，很難相信四〇年代與她同城而居時，在蘇州城裡所流傳的有關她如何耀眼奪目的各種故事。真是「昔日王謝堂前燕，飛入尋常百姓家」。

上世紀八〇年代以後，原先在保密的理由下被掩飾的資訊，也逐漸浮出水面。據一份權威資料透露，當年曾與陳彬共事的胡鈞鶴，經潘漢年推薦、饒漱石批准，五〇年代初出任上海市公安局情報委員會主任，兼情報專員。這位四朝（國共日汪）特工，把他在國民黨中統局、日汪七十六號特工總部等機構任職時的資訊積累，作為立功贖罪的資本。據說，提供了上千條有價值的線索，協助抓獲了四百多名潛伏特務，破獲了上百部國民黨的地下電台，成千上萬人因此被審查、監禁。也許出自秘密使命的工作需要，也許另有其他私人的原因，總之，當年陳彬奉命潛伏在李士群身邊時，陳彬家和胡鈞鶴家兩家過從甚密。胡鈞鶴太太趙女士是東北抗日英雄趙尚志的妹妹，還有後大椿（汪偽糧食局長，因向蘇北輸送糧食物資而被汪槍決）的夫人等四人結為四姐妹……雖然沒有證據顯示胡鈞鶴的上千條線索中包括有關陳彬、後大椿及其遺屬的資訊，但據陳彬女兒陳維莉女士回憶，她當年為其母謄抄所謂交代材料時，時常出現一些日偽高層人物的名字，所以當二十一世紀熱播、熱演的諜戰文本中再現上述名字時，就喚醒了她沉睡數十年的記憶。然而人在做，天在看，許多事情不以當事者的主觀願望為轉移，胡鈞鶴雖提供了數量驚人的舉報材料，卻於一九五四年入獄，三十年後始獲平反，享受離休幹部待遇，也算善終。最可憐的莫過溫斐女士，一九五八年被不明不白的莫須有的理由：「曾幫助中統特務陳某管理賬目等問題……」，（摘自一九八〇年六月三日中共上海市虹口區唐山學區小教總支給陳維莉的信）被開除公職，病死安徽農場。

這些年來，面對已經搜集的資料，多少次翻出來後，又無奈地重新放回去。直到先烈陳彬女兒陳維莉女士大病初癒，在其子女的強烈推動下才促成文本的定稿。即使如此，直到交印前的最後一刻，由於各種原因，不得不抽下有關先烈遺屬遭遇的部分資訊，擬以後專論補敘。因為現在的文本不是個人空間裡的親屬家史，而是公共空間裡的大時代、大事件、大格局的歷史敘事，任何人物和事件的格局，只能作為宏大敘事的構成要件而存在。在這裡，個人和家庭的變遷，不過是歷史激流中一個稍縱即逝的水泡而已。當然，對受損的具體個體來說，每一次的付出卻是絕對的，所以也是痛苦的。然而，整個歷史長河不就是那無數水泡破碎後的總匯嗎？困難的抉擇在於：宏大敘事就必須忽略鮮活生動的個體的感受？能不能把「私小說」式的抒情從狹小的私密空間中解脫出來，融入大事件的紀實性的公共場域之中？其實，這裡不存在非此即彼的零和選擇，難道在這大事件的宏大敘事中，私人空間裡的各種元素就不能成為構成的部件而存在嗎？若要完整地敘述真實的歷史背景中的真實的歷史細節，社會時代的大格局本來就是無數個人、家庭小格局的總和，而個體的命運惟有融入時代大格局之中，才會發現其真正屬於私我的價值。

如果沒有溫啟民、王應錚等前輩們對歷史真相的直言不諱、仗義執言，就不可能有現在的這個文本。可惜由於種種延誤，兩位前輩已無法目睹文本的問世。當年，在美國加州洛杉磯的老人公寓裡，溫先生的回憶、在台北和上海對王先生的多次採訪過程中，我都意識到，自己正在做的不是一般意義的拾遺補缺、輯佚鉤沉，而是打撈真相、搶救歷史，因為這個案件的每一個構成要件，無不與大時代的脈動息息相關。

成稿過程中，得到眾多前輩、同輩、後輩的支持，謹在此向一切關懷過本書稿的朋友們，致以最真誠的謝意，恕不一一具名。同時文本藉鑒引述了各種已有的成果，特此致謝。最後，為使今天的讀者能瞭解當年諜戰的原生態實景，所以又把相關的人物生平、機構變遷，事件背景等史料收為附錄。由於這部分資訊本屬大眾共享的公共資源，故不再分別注明，謹在此對所有資訊來源一併致謝。

最後，特向南開大學姚錫佩學姐、台灣的蔡登山先生及秀威資訊所有關心過拙著的朋友致以真摯的謝意！因為正是學姐的關懷和出版家們的敬業，才使失落了七十多年的真相再次重見天日！

讀歷史40　史地傳記類　PC0357

追尋
——諜戰失落的真相

作　　者／施建偉
主　　編／蔡登山
責任編輯／林世玲
圖文排版／楊家齊
封面設計／秦禎翊

發 行 人／宋政坤
法律顧問／毛國樑　律師
出版發行／秀威資訊科技股份有限公司
114台北市內湖區瑞光路76巷65號1樓
電話：+886-2-2796-3638　傳真：+886-2-2796-1377
http://www.showwe.com.tw
劃撥帳號／19563868　戶名：秀威資訊科技股份有限公司
讀者服務信箱：service@showwe.com.tw
展售門市／國家書店（松江門市）
104台北市中山區松江路209號1樓
電話：+886-2-2518-0207　傳真：+886-2-2518-0778
網路訂購／秀威網路書店：http://www.bodbooks.com.tw
國家網路書店：http://www.govbooks.com.tw

2013年11月　BOD一版
定價：270元

國家圖書館出版品預行編目

追尋 : 諜戰失落的真相 / 施建偉著. -- 一版. --
臺北市 : 秀威資訊科技, 2013.11
面；　公分. -- (史地傳記類 ; PC0357)(讀歷史 ; 40)
BOD版
ISBN 978-986-326-197-1(平裝)

1. 情報 2. 中國

599.722　　　　102020842

讀者回函卡

感謝您購買本書，為提升服務品質，請填妥以下資料，將讀者回函卡直接寄回或傳真本公司，收到您的寶貴意見後，我們會收藏記錄及檢討，謝謝！
如您需要了解本公司最新出版書目、購書優惠或企劃活動，歡迎您上網查詢或下載相關資料：http:// www.showwe.com.tw

您購買的書名：________________________

出生日期：________年________月________日

學歷：□高中（含）以下　□大專　□研究所（含）以上

職業：□製造業　□金融業　□資訊業　□軍警　□傳播業　□自由業
　　　□服務業　□公務員　□教職　□學生　□家管　□其它_____

購書地點：□網路書店　□實體書店　□書展　□郵購　□贈閱　□其他

您從何得知本書的消息？

□網路書店　□實體書店　□網路搜尋　□電子報　□書訊　□雜誌
□傳播媒體　□親友推薦　□網站推薦　□部落格　□其他__________

您對本書的評價：（請填代號　1.非常滿意　2.滿意　3.尚可　4.再改進）

封面設計____　版面編排____　內容____　文／譯筆____　價格____

讀完書後您覺得：

□很有收穫　□有收穫　□收穫不多　□沒收穫

對我們的建議：________________________

____

____

____

請貼
郵票

11466
台北市內湖區瑞光路 76 巷 65 號 1 樓
秀威資訊科技股份有限公司 收
BOD 數位出版事業部

（請沿線對折寄回，謝謝！）

姓　名：________________ 年齡：________ 性別：□女 □男

郵遞區號：□□□□□

地　址：____

聯絡電話：(日) ________________ (夜) ________________

E-mail：____